문예신서
263

과학에 대하여
과학철학

브라이언 리들리

이영주 옮김

東文選

과학에 대하여

Brian K. Ridley

On Science

차 례

머리말

이 책의 집필에 동기를 부여한 몇 가지 격려가 있었다. 하나는 시간이 주어지면 과학이 영원한 인간의 신비를 포함해서 전통적으로 종교와 인간의 속성에 관련되는 모든 것들을 설명할 것이라고 공공연하게 흔히 이야기되는 널리 퍼진 믿음에 대한 나의 인식이다. 내가 '과학 만능주의'라고 부르는 이 믿음은 명쾌히 논의되어야 할 필요가 있다는 생각이 들었다. 또 다른 요소는 바로 나 자신이 과학 그 자체에, 특히 내 전공인 물리학에 매료되는 점이다. 따라서 이 책은 어느 면에서 내 전작 《시간, 공간, 그리고 사물》의 속편이다. 과학의 본질은 16,17세기 신플라톤주의적 마법 세계에 있는 그 기원에 의해 일부 규정되며, 또 내가 과거에 에식스대학 물리학과 학부에서 이 주제로 강의를 한 것이 이런 연계를 탐구하는 데에 도움이 되었다. 또 하나 연계시켜 탐구한 점은 과학이 남긴 마법의 잔재와 인간성과의 관계이다. 나의 전반적인 목표는 과학은 그것이 갖는 힘으로 해서 뚜렷한 한계를 갖고 있으며, 또 그 한계가 분명히 드러나는 분야들에서는 인문학에 양보해야 함을 강조하는 것이었다.

이 책을 쓰는 데 토니 브루스·사이먼 크리츨리의 제안과 폴린 마시의 뛰어난 원고 정리가 도움이 되었다. 실비아 리들리와 아론 리들리가 비판적으로 초고를 읽어 준 일은 글의 명징성을 높이고 철학적 고지식함을 피하는 데 더할 나위 없는 도움이 되었다. 그들의 노고에도 불구하고 결함은 남아 있다. 그것이 문화의 세계에는 과학과 예술이라는 상호 보완적인 국면이 있으며, 이 근본적인 상호 보완성은 결코 망각되어서는 안 된다는 아마도 대부분의 사람들에게 자명할 결론을 희석시키지 않기를 바란다.

2001년 1월, 소프-르-소켄에서

1
서 론

과학에 대한 신뢰가 전제로 하는 대담하고도 궁극적인 의미에서의 진실한 사람은 **그 때문에 또 하나의 세계를** 생명과 자연 · 역사의 세계보다 **긍정한다.** 이 '다른 세계'를 긍정하는 한 그는 그것의 반정립인 이 세계, 곧 우리 세계를 부정해야 하는 것 아닌가?

니체, 《도덕계통학》

인간의 지적 활동은 매우 다양해서 여러 차원에 걸쳐 있으며, 셀 수 없이 다양한 형태를 보인다. 조야하나 흥미를 끄는 차원의 도표로 나타내면 과학과 수학이 한 축이 되고, 회화와 음악 · 문학이 다른 한 축이 될 것이며, 전자는 보통 냉정하고 분석적인 합리성을 특징으로 하고, 후자는 직관적인 느낌과 형식을 특징으로 할 것이다. 아폴론 같은 고전미를 갖춘 시각에서 보면 과학도 예술도 세계를 이해하는 것을 목표로 한다. 둘 다 모든 형태의 진리를 찾는 포괄적인 연구 문화의 중요한 일면으로 보인다. 그리고 고유의 차원을 벗어나서는 계시되고 주장된 자기들 고유의 진리를 갖는 종교와 철학이 존재한다. 과학 · 종교 · 예술 · 철학은 각각 그 진리의 절대적 지위를 주장하는 너무나도 인간적인 근시안을 드러내는 경향이 있으며, 그것이 일을 쉽지 않게 한다. 그러나 어쨌든 사람은 살아 있는 동안에는 판단하고 평가하는 일을 하지 않을 수 없다——이것은 참인가 거짓인가? 이것은 선인가 악인가? 이것은 아름다운가? 아니면 뭐지? 세상에 대한 신념들을 소유하고 통합할 이런 절박한 필요가 있다.

포괄적 연구 문화의 의미에서 보면 이러한 필요는 과학에서 매우 성공적으로 사용된 방법은 인류학과 사회학, 심지어는 예술과 인문학 같은 다양한 분야에도 마찬가지로 성공적으로 적용될 수 있음을 암시하는 듯이 보일 것이다. 이렇다는 신념을 보여주는 좀더 광신적이고 극단적인 상태가 과학만능주의라고 부르도록 내가 제안한 것, 곧 시간이 주어지면 과학이 모든 것을 설명할 것이라는 종교이다. 과학이 세상의 죄를 없애 주지는 않을지 모르지만 틀림없이 그것을 있는 그대로 기술할 것이다.

하나의 광신적인 행위는 훨씬 더 오래된 것일지도 모르는 또 하나의 광신적인 행위를 불러온다. 반대편 축에는 낭만주의 형식으로 열정적인 방종을 사유하는 디오니소스적인 충동이 있다. 세상은 영웅적이고 개인적인 유일한 사람, 바로 그 자신이다. 예술은 단지 존재할 뿐이다——이론적으로 말하면 다른 아무런 목적이 없는 일종의 기쁨이다. 게다가 알 수 있는 다른 세계란 없다. 동시대의 표현——포스트모더니즘——은 과학자들의 정신 밖이나, 해체주의의 모습으로 문학적 텍스트의 기저에 있는 현실에 대한 어떤 주장과도 직접적으로 상반된다. 그러나 이는 극단적인 것이다. 과도한 낭만주의자나 포스트모더니스트가 되지 않고도 인문주의자들은 과학이 의미심장하고 흥미로운 의미에서 보편적으로 적용할 수 있게 만든 저 극단적인 주장들을 아주 정당하게 거부할 수가 있다. 과학이 보편적으로 적용될 수 있음은 아주 자명한 이치일지 모르나, 그 과학을 보편적으로 적용하는 것이 막연히 유용하거나 흥미로운지의 여부는 상당히 회의적으로 여겨질 수 있다.

과학만능주의와 낭만주의는 극단적인 사례들이지만 그것들은 한편으로는 과학, 다른 한편으로는 인문학이라는 우리의 지적 문화에 실재하는 이원성을 규정하는 요소로 존재한다. 과학이 마법과 신비주의의 무모한 혼합으로 무장한 실용적인 기술의 조합에서 증류되어 새롭고 강력한 지식의 원천으로 모습을 드러낸 이후 종교와 인문학에서는 그것을 하나의 위협으로 인식해 왔다. 코페르니쿠스 · 티코 브라헤[1] · 케플러 · 갈릴레이 · 뉴턴 이후 지구는 더 이상 신이 손수 창조한 것이기를 그쳤다. 세상은 점점 더 신화와 마법 · 시의 세계라기보다 수학의 세계로 보였다. 인간 영혼에 대한 위협이 실재하는 듯했다. 1960년대에 지적 세계는 C. P. 스노의 악명 높은 두 문화로 양극화했다.

이 맥락에서 **문화**란 매슈 아널드의 문화, 곧 "세상에서 생각되고 이야기된 바 있는 최고의 것"이었다. 이것을 스노 세대의 많은 인문주의자들은 단순히 문학을 의미하는 것으로 받아들였다. 문학은 과학과 달리 인간의 도덕적이고 심미적인 본능을 찬양하고 섬기는 것을 의미했다. 과학은 아마도, 그리고 실제로도 더할 나위 없이 존경할 만한 지적 분야이지만 결코 교양 있는 사람이 자기 자신에 대해 세세한 관심을 갖는 데 필요한 것은 아니었다. 스노는 과학은 우리가 살고 있는 세상과 우리 자신에 대한 이해를 높일 수 있는 유일한 활동이라고 과학의 탁월함을 주장하는 것으로 이에 응했다. 그는 누구나 당연히 셰익스피어를 읽었을 것으로 기대하나, 열역학 제2법칙과 그것이 의미하는 바에 대해 아는 것은 절박한 일로 보지 않는 편협한 마음을 통탄

---

1) **Tycho Brahe**(1546-1601): 지구 중심설을 주장하며 태양 중심설에 반대한 최후의 천문학자로, 프톨레마이오스에서 코페르니쿠스로 넘어가는 가교 역할을 함으로써 근대 천문학 형성에 이바지하였다. 〔역주〕

해 마지않았다. 두 문화──문학적인 문화와 과학적인 문화가 있으며, 그 사이에 위험한 심연이 존재한다고 스노는 주장했다. 과학자이자 소설가였던 스노는 양쪽 문화에 걸쳐 있어서 그 현격한 틈을 명확히 볼 수 있었으며, 국가의 사회적·도덕적 삶에서 분명히 드러나는 여러 불행의 원인을 문학 탓으로 돌렸다. 이것은 문학평론가이자 케임브리지대학 학감인 F. R. 리비스에게는 너무 지나친 것이어서, 그는 과학이 문학의 가치 대신에 자신의 가치를 제안하는 것에 크게 충격을 받을 수밖에 없었다. 불행히도 스노에 대한 그의 반응은 너무나 독설적이고 인신공격적이어서 쟁점에 대한 이성에 의거한 토론의 기회를 놓쳐 버렸다.

1960년대의 두 문화 논쟁중에 제기되었던 문제점의 대부분은 오래 전에 철저히 논의되고는 아마 잊혀졌을 것이지만 계속해서 불필요하게 활약중인 것이 둘 있다.[2] 하나는 문학적 기성 권력에 대한 C. P. 스노의 견해에 F. R. 리비스가 가한 과격한 반박 속에 충만하는 적의에 찬 반과학적인 감정이다. 다른 하나는 우리가 그에 대해서 생각하기를 그만두고 어깨를 으쓱하며 무시해 버리는, 4세기 동안의 적대 관계에 의해 우리 안에 아주 깊이 스민 문학과 과학에서 감지되는 상호 배타성이다. 둘 다 과학의 힘에 의해 야기된 심원한 심리적 영향에서 유래하는 듯 보인다. 바로 그 힘 때문에, 또는 적어도 부분적으로는 그 힘 때문에 종교가 공리적인 사회 사업이 되어 버리고 정보 기술의 산물에 의해 난타당한 것으로 많은 사람들이 인식했으며, 공경 사상은 사실상 무의미해지고, 인간 존재는 상상할 수 있고 믿을 수 있는 어떠한 논점도 상실해 버렸다는 감정이 존재한다. 요컨대 과학은 인간 영혼에 적

---

2) C. P. Snow, *The Two Cultures: A Second Look*(Cambridge, 1965).

대적인 것으로 인식된다. 무엇인가가 심각하게 잘못되었다. 확실히 "세상에서 생각되고 집필된 바 있는 최고의 것" 중에는 과학적인 업적이 있음을 어느 누구도 부정하지 않을 것이지만, 적어도 몇몇 교양 있는 사람들은 과학적 업적의 결과로 보이는 것을 진심으로 두려워하는 듯하며, 또 그 우수성을 무시하는 경향이 있다. 물리학과 그 동료 학과——화학 · 생물학 · 유전학 등과 같은 명예로운 학과가 일반적으로 인정되는 업적을 산출해 낼 때 어떻게 사악해 보이는 그림자를 인간 영혼에 드리울 수 있겠는가? 어떻게 그것이 우리에게 인간 삶 자체의 풍요로움에 대해 이야기하는 문학과 인문학 전반을 격퇴할 수 있겠는가?

만약 이런 의문들이 과연 존재한다면 이에 대한 대답은 많고 다양하며, 다분히 슬프고 손에 넣기 쉽지 않을 것이다. 그 문제는 과학에 대한 태도뿐 아니라 기술에 대한 태도와도 관계되는 복잡한 것이다. 우리가 과학을 **응용**하는 방법과 과학 자체는 별개이다. 확실히 문제의 일부는 우리의 물리적인 환경을 변화시킴에 있어서 능동적인 전자와 자연에 대한 정신의 이해를 넓힌다는 의미에서 수동적인 후자, 이 두 활동을 혼동하는 데 있다. 실재하고 중요한 것들이기는 해도 여기에서 검토될 필요가 없는 기술에 관련된 여러 문제들이 눈에 띈다. 여기에서의 관심사는 과학과, 왜 과학이 인문학과 사이가 좋지 않은 스스로를 발견하는 일이 왕왕 있는가 하는 것이다.

왜 과학이 잘 되어야 하는지는 깊은 경의를 표할 가치가 있는 불가사의 그 자체이다. 확실히 왜 그래야 하는지에 대한 아무런 **논리적인** 이유도 없다. 그 뛰어난 힘과 성공은 자연계를 이해함에 있어서 과학적 방법이 살아남는 한 과학적 진보가 무한히 계속될 전통, 내가 전적으로 지지하는 전통을 만들어 냈다. 하지만 이 진보가 자연스럽게 인간 지식의 모든 분야로 확대될 것이라는 기대가 이 전통에 부가되고, 또 많은 사람들에 의해 전통에 절대 필요한 부분으로 간주된다. 이 기대에 대해서는 오래전에 흄과 다른 이들이 이의를 제기했다. 흄은 어떤 사람들의 믿음은 무슨 문제인가에서부터 무슨 문제여야 하는가로, 사실이 무엇인가에서부터 가치가 무엇인가로 어느새 바뀌기 쉬움을 인지했다. 케임브리지대학 트리니티 칼리지에서 1903년에 집필한 글에서 G. E. 무어는 많은 철학자들이 자연의 특성을 윤리적 속성과 융합시킨다는 것, 이는 노란색을 감지하는 것을 그 물리적 등가물인 파장에 의해서 정의하는 것과 같음을 알아챘다. 노랗다고 하는 것은 전자기파에 관해 이야기하는 것이 아니며, 노랑이 그것의 파장과 완전히 같다고 믿는 것은 분명 잘못이었다. 윤리를 자연 현상에 의해 유사하게 묘사하는 일 역시 마찬가지로 논리적인 오류가 있었다. 무어는 이것을 '자연주의적 오류'라고 불렀다. 그럼에도 불구하고 과학 전통과 자연주의적 오류는 통상적으로 신화만큼이나 강하게 현대 사회의 정신을 제어해 와서 요즈음에는 어떠한 구원 사상도 과학과 거의 분리되지 않는 실정이다.[3]

과학 신화가 어떻게 진지하게 받아들여질 수 있는지 이해하기는 어렵다. 그것은 과학적인 방법의 의미심장한 적응성은 무한하다고 가정한다. E. O. 윌슨 같은 사회생물학자들은 도덕성의 생물학적 뿌리를 천착하는 데에서 구원을 본다. 더 나아가서 리처드 도킨스는 문화 자체의 진화를 경쟁하는 '밈(meme),' 곧 이기적 문화 유전인자들의 생존을 위한 투쟁으로 본다. 인공 지능 분야에서 일하는 마빈 민스키 같은 과학자들은 정신을 미화된 컴퓨터로 본다.

---

3) Mary Midgley, *Science as Salvation*(London: Routledge, 1992).

그러나 윤리학이나 미학에, 사랑과 우정에, 상상력에 과학적 방법을 적용하는 것이 과연 무엇을 의미할 수 있을까? 개별적 일상 경험의 세계 전체는 의미 있는 방법으로 조사하는 과학의 힘 밖에 있다. 인류의 모든 기본적인 의문들——우리는 왜 여기에 있는가? 우리는 무엇을 위해 존재하는가? 맹목적인 존재를 넘어선 삶에는 의미가 있는가?——은 언제까지나 과학 너머에 있는 것이다. 대답할 수 있는 것이 있다고 하여도 과학은 '어떻게'로 시작하는 의문에만 대답할 수가 있다. 수학적 표현으로, 데카르트에 의해 도입된 직각 좌표인 우리가 그래프에서 사용하는 데카르트의 좌표에서 기원한 이해하기 쉬운 은유를 예로 인용하면 이들 질문은 과학과 **직교한다.** 만약 시간이 주어지면 과학이 해결 못할 것은 없다는 믿음이 과학에 무지한 사람들에게 한하는 일이라면 견딜 수 있을 것이지만, 대단히 불행하게도 실상은 그렇지가 않다. 탁월한 동료 과학자들이 그들 고유의 분야에서 드러내는 상상력 넘치는 명민한 생각을 포기하고, 이 섬뜩한 신화를 기꺼이 퍼뜨리는 것을 관측하는 것이 때로는 지적으로 당혹스럽다. 최악의 일은 흔히 의미론상의 엄청난 틈들을 얼버무리고 하나의 유전인자 속에서 도덕성을 볼 수 있거나, 도덕성을 무의미한 것으로 간주하는 환원주의자적인 생물학자들이다. 그러나 그들과, 사람은 기본적으로 컴퓨터라고 믿는 인공지능(AI) 공동체의 열성적인 일원 간에 선택할 것은 많지가 않다. 다행히 물리학자들은 아마도 양자 세계의 철두철미하게 비직관적인 현상을 발견하고는 오만한 콧대가 꺾인 결과인 듯, 전반적으로 어느 정도 더 신중하다고 하겠다. 그러나 우주론에서는 불행한 사례들——신의 의도(그러니까 만약 전능하고 정말로 완벽한 존재가 의도 같은 세속적인 것을 갖고 있다면)를 알 가능성에 관한 주장——이 있었다. 만약 과학에 대한 한계 없는 신화가 우리의 가장 영리한 최고의 사고 방식에까지 지반을 굳혔다면, 사회 전반에서 그것을 발견하는 것은 놀라울 일이 아니다. 약간의 부패는 과학 그 자체에 본질적인 것이며, 꼭은 아니지만 대개 모든 인간의 가치들, '왜'로 시작하는 모든 질문들을 단지 그것들이 과학의 범위 너머에 있기 때문에 무의미한 것으로 추방함으로써 정당화된다. 가치와 '왜'에 대한 **관심**이 경험적으로 관찰 가능하고 분자가 세상의 일부인 만큼이나 세상의 일부이며, 무한히 충분하게 경험된다는 사실에도 불구하고 이렇다. 이런 관심들은 과학의 힘을 넘어서는 것이고, 과학에는 실재하는 한계가 있다는 것이 어떤 유의 사람들은 견디기 힘든 듯이 보인다.

만약에 과학만능주의가 제기한 문제들을 늘어놓을 계기가 필요하다면, 과학의 힘——그것은 전능하거나 끝나가고 있다——에 관한 이런저런 유의 주장들을 담고 있는 넘쳐나는 책 속에서 발견할 수 있을 것이다.[4] 세상에 대한 우리의 크나큰 무지를 가정하면, (약간의 물리학이 동맥경화로 고생하고 있을지라도) 종국에 이르렀다는 주장은 진지하게 받아들여질 수 없다. 만약 문제의 초현미경적인 성격과 우주의 광범한 구조가 특정한 시점에서 아주 잘 구분되는 듯이 보인다면 유전인자의 세계는 아니다. 기초를 형성하는 유전학적인 특성들과 (인간을 포함한) 동물적인 행동 간의 거대한 틈을 잇는 데 그것이 어떤 유용함을 갖고 있든간에, 유전인자의 이기주의는 훌륭한 은유이다.[5] 그럼에도 불구하고 과학이 때로는 가장 강한 힘을 가진 인류의 지적 활동으로 기술된다고 할지라도 전적으로 효능이 있다는 주장은 확실히 지나치다. 그러나 시간과 자원이 주어지면 과학이 어떤 것에 대해서든 기대

---

4) John Horgan, *The Ens of Science*(New York: Addison-Wesley, 1997). David Lindley, *The End of Physics*(New York: Basic Books, 1993)도 참조.

5) Richard Dawkins, *The Selfish Gene*(Oxford, 1976).

에 보답할 것이라는 주장과, 과학적으로 기술될 수 없는 것은 무엇이든 무의미하다는 훨씬 더 우울한 주장은 계속해서 문제삼을 필요가 있다. 옥스퍼드대학 베일리얼 칼리지 학장의 학식이 생각난다.

내가 최고다. 내 이름은 자우엣이다.
내가 아는 것 외에 지식이란 존재하지 않는다.
나는 이 대학의 교수이다.
내가 모르는 것은 지식이 아니다.

자우엣을 흉내낸 주장은 과학에 오명을 부여한다. 과학적인 방법에는 명백한 한계가 너무나 많다.

이 시점에서 이들 한계 중 가장 중요한 것들을 간략하게 훑어보는 것이 합당하다. 무엇보다도 과학은 세계적인 합작 사업이다. 그 점에 있어서 그것은 지적 분야에서 아주 독보적이다. 발견물들에 대한 명백한 개방성을 그 기본 특징으로 하며, 여기에 의심할 여지가 없는 과학의 힘이 있지만 또한 그 근본적인 한계도 있어서, 과학은 아주 객관적이고 시험이 가능하며 반복 가능하고 특별히 공개되어 어디에 있든 과학적인 방법에 관계하는 누구에게나 의미 있는 지식만을 다룰 수 있다. 자연 현상들은 과학적으로 접근할 수 있는 특징들 외에도 온갖 종류의 독특하고 특이한 특징들을 소유한다. 실험을 해본 적이 있는 사람이라면 내 말의 의미를 알 것이다. 그 원치 않는 요소들의 영향을 줄이는 것——외부에서 미치는 전자기장, 차량 통행으로 인한 진동, 전기놀, 결합 작용, 그리고 현지 조사시에 검전기 속의 딱정벌레 등——이 실험자의 숙련을 시험한다. 반복할 수 있는 것만이 자연의 많은 활동에서 도출해 내어 공표할 수 있는 과학으로 전환된다. 과학적인 지식은 자연이 제공한 것을 특별히 추출해 낸 것이다. 그것은 독특한 것, 반복할 수 없는 그 어떤 것도 다룰 수 없다. 하지만 자연에는 서술하는 언어를 능가하는 독특하고 되풀이할 수 없는 사상(事象)들이 풍부하다.

　지적으로 순수하고 금욕적이며, 어느 의미에서 확실히 순정(純正)한 과학 활동에 의해 획득할 수 있는 과학적 지식은 **매우 간단하게** 입수할 수 있다고들 한다. 경험과학에서 자신 있게 알려진 것은 반복 가능한 것이다. 캘리포니아에서 관찰된 어떤 현상은 일본에서도 관찰할 수 있어야 하며, 만약 그것이 식(蝕)처럼 한 장소에서만 관찰할 수 있다면 많은 사례들이 있어야만 한다. 과학적 지식은 **공공연한** 지식[6]——결국 대부분의 지식은 공공연한 지식이다——일 뿐만 아니라 지극히 간단한 지식이다. 그럼에도 불구하고 존재하는 우주의 독특한 사상들은 영원히 지식의 범위 밖에 존재한다. 그것은 실체의 사소한 요소에 초점을 맞추는 것, 즉 때로는 분명히 유기적 통일체를 이루는 것을 상호 작용하는 다루기 쉬운 구성 요소들로 분해하는 것 외에 달리 할 수 있는 것이 없다. 전체론적인 특징들은 이해될 수 없다. 물리학은 사례가 많으면 많을수록 좋다. 그러나 반복할 수 없는 사건들의 수를 생각해 보라. **모든 사건이 반복될 수는 없다!** 과학적 지식의 건전성은 저 반복할 수 없는 사건이라는 요소가 갖는 영향력을 감소시키는 그것의 능력에 비례한다. 그러나 그렇게 함으로써 그것은 중요한 것을 필요 없는 것과 함께 버린다. 과학은 탐욕스러운 실세계의 성가시게 추근대는 습성을 까탈스럽게 회피함으로써 그 정숙한 처녀의 모습을 유지한다.

---

6) Jonh Ziman, *Reliable Knowledge*(Cambridge, 1978).

요컨대 마치 경험과학의 남녀가 물질계와 맺는 계약이 있는 듯하다. 직관과 상상력 같은 불합리한 능력을 사용하면 반드시 합리성을 포괄적으로 드러내는 사실의 가치를 떨어뜨릴 것이라고 한다. 게다가 우리는 그런 접근법이 세상의 특별한 국면들, 즉 반복되는 국면들에 해당된다고 여겨질 수 있는 것을 제한하는 결과를 가져올 수 있음을 받아들인다. 그 대신 물질계는 **반복되는 요소가 없는 사건은 결코 없으리라는 것**을 약속한다. 사실이 그러하다면 대체로 사건이 단순할수록 재발 요소는 더 커진다는 결과가 된다. 모든 전자는 비슷해 보인다——소립자물리학으로서는 잘된 일이다. 텅스텐의 모든 원자들은 아주 비슷해 보인다——원자물리학으로서는 잘된 일이다. 큰 분자와 결정체들은 조금 특이해지기 시작하고, 원자 하나가 여기저기 잘못 위치하지만 아직은 충분히 예상이 가능하다——고체물리학과 화학으로서는 적당히 잘된 일이다. 살아 있는 세포 속의 거대한 유기 분자들, 극미한 유기체 속의 세포들——생물학은 점점 어려워진다. 동물들의 살아 있는 세포 조직들, 사회 내 동물들의 조직체들——점입가경. 의식——글쎄, 여기, 그러니까 심리학에서조차 아직 반복 요소가 있기는 하지만 이런 복잡한 수준에서 흥미로운 진리를 손에 넣기란 대단히 어렵다.

시험 가능한 과학적 진리, 증명 가능한 수학적 진리, 계시된 종교적 진리, 그리고 설득력 있는 인문학적 진리들 외에도 다른 종류의 진리——뭐라고 하면 좋을까?——마법의 진리가 존재한다고 나는 주장한다. 이 세상에 존재하는 인간의 비물질적인 힘은 기계적이 아니고, 과학에 의해 기술될 수가 없다는 의미에서 마법적인 힘이다. 그것들은 개성·카리스마·예절·외형·분위기가 갖는 힘——생물과 무생물이 정신에 미치는 영향이다. 마법의 힘은 예술이 관계하는 것이다.

그것은 종교 · 수사학 · 애국심에 활용된다. 그것은 저기 저 집과 정원 안에 있다. 이것은 나쁜 이미지를 만들어 내어서는 안 되는 마법이다. 이 맥락에서 내가 마법이라는 말로 의미하는 것은 속임수 마술이나 악마의 힘을 빌려서 하는 요술, 미신이 아니라 옛날에 영이나 신의 힘을 빌리지 않고 행하는 주술을 일컫던 것으로 이것은 과학적인 진리에 속하지 않는 진리이다. 이 힘, 이 진리들은 직관적으로 알려져 있거나 전혀 알려져 있지 않다. 그것들은 순전히 인간의 감각 세계에 속한다. 마법적 진리와 과학적 진리는 그 각각의 한계 내에서 상호 보완적이어서 시간을 초월해 전자는 유일무이한 것과, 후자는 되풀이되는 것과 연관된다. 양쪽 다 초시간적이다. 교육을 받는다는 것은 양쪽 모두에 정통하게 되는 것이던 때도 있었으나, 한 접근법이 다른 접근법을 배격하는 경향이 있다. 과학자 그 자체로는 결코 마법사(그가 인간이라 하더라도!)가 될 수 없다. 시와 음악 · 미술이 마법적인 진리를 구현한다. 그것들을 추상적이라고 느끼는 점도 거기에 있다. 그리고 나는 마법이 사용하기에 적절한 단어라고 믿는다. 한때는 과학과 마법의 활동 범위가 사실상 구별되지 않았다. 내가 의미하는 마법은 과학의 증류 뒤에 남겨진, 미신에서 해방되고 우리가 얻을 듯한 불로장수약에 근접한 효능 있는 추출물이다.

과학적이 아니라고 해서 꼭 미신적인 것은 아니다. 사람의 마음을 움직이지만 그 성격상 과학의 영역 밖에 위치하는 힘이 존재한다. 심지어는 우리의 일상 언어조차 순전히 정신적인 어떤 경험에 의해 감동받는 일을 이야기할 때 어떤 힘이 기계적으로 영향을 발휘하는 이미지를 사용한다. 어느 누가 형태 · 빛깔 · 상징의 힘에 반응하지 않겠는가? 그리고 이것이 부적의 마법이라고 일컫곤 하던 것 아닌가? 어느 누가 단어, 주문, 본질로서의 이름, 웅변술, 시의 교묘한 사용에 기뻐하고 감동받지 않을 것이며, 이것이 바로 단어의 마법 아닌가? 화성과 선율의 마법에서 오는 효과가 아닌가? 그리고 장인(匠人)의 직관에, 심지어는 비록 그것이 고도의 과학 기술의 산물일지라도 기술자가 그의 기계에 대해 느끼는 '감'에 기본적인 마법이 존재하지 않은가? 상식이야 말할 것도 없지 않은가? 확실히 이 모든 질문에 대한 대답은 그렇다이다. 그렇다면 이것들은 미신과 초자연적인 풍모가 벗겨진 잘 알려져 있는 주술적 요소일 뿐이다. 그래서 마법이란 과학을 보완하는 것으로 정의된다. 그것은 물질적인 대상이 아니라 인간의 감각에 작용한다. 과학이 시작되었던 17세기에 지적으로 가장 발달했던 마법 이론은 우주를 인간 영혼을 위한 의미로 가득 찬 것——훗날의 만물 이론——으로 기술할 수 있었다.

마법적인 시대의 초창기 발견물 중 하나는 세상은 수(數)와 비율이라는 것이었다. 피타고라스의 학설을 신봉하는 사람들이 단순한 계산을 철학으로 끌어올린 이후 수학은 우주와 음악이 하나이던 시절로부터, 분리해 낼 수 있다면 이제 천체의 음악이 뚜렷하게 일반 상대성 텐서 구조를 갖는 현재에 이르기까지 우주철학의 기본 역할을 해왔다. 마법과 수학의 관계와 수학과 과학의 관계는 너무 가까워서 무시할 수가 없다. 그럼에도 불구하고 물질계를 기술하는 데 수학이 사용될 수 있다는 것은 헤아리기 어려운 신비이다.

물질계를 정확하고 냉정하게 기술하는 일은 고유의 도덕성을 수반한다——진실된 것만이 진리를 발견할 수 있다. 그러나 과학이 창조한 추상적인 세계가 아니라 과학자들을 포함해서 우리가 실제로 사는 세계에 대해 직접적으로 알고 있는 것은 무엇인가? 단순한 도덕은 여기에 없지만 가치는 있다. 양심이 존재하기 때문에 물질적·미학적·윤리적 가치들이 존재한다. 그것들은 정신과 몸, 그리고 사회의 성격과 필요를 반영한다. 어쨌든 독특한 일련의 가치는 개인의 행동과 판단을 자극하고 조절하며, 신념의 중추부를 형성한다. 물질적인 가치의 일부——자기 보존 본능 및 기본 욕구와 관련된 가치들——는 정신이상자나 병자 외에는 모두에게 공통되며 절대적인 것이다. 그리고 확실히 인간 게놈의 특성과 윤리학과 언어 같은 요소들간에는, 그리고 이른바 모든 후성적 속성들간에는 깊이 감추어진 관계가 존재한다. 그것은 별개로 치더라도 가치는 신앙처럼 창조적으로 진화할 수 있다. 지혜는 '당신 자신' 뿐만 아니라 당신의 이웃, 당신의 상관, 당신 지역 정당의 우두머리, 당신의 신체적·경제적·정치적인 상황, 그리고 그밖에 모든 것도 아는 것이다. 지혜는 따라서 신앙 가치 꾸러미를 창조하고, 그 다음에 그 신앙 가치 꾸러미가 당신이 우연히 갖게 된 것으로 드러난 꾸러미와 얼마나 유사한지를 인지하는 것이다.

　과학과 신앙, 마법과 공학, 아는 것, 믿는 것, 조종하는 것, 행동하는 것——그것이 삶이다. 세상은 돌이킬 수 없이 사실의 세계와 가치의 세계로 나누어지는 듯이 보인다. 한편으로는 물리학이 발견한 법칙들에 복종하는 물체가 있다. 다른 한편으로는——더 나은 단어가 없기 때문에——영혼(spirit)이 있다. (영혼이라는 단어가 주는 난처함은 내가 결코 환기시키고 싶지 않은 초자연적인 것들이 갖는 독특한 분위기에 에워싸여 있다는 것이다. 의식 활동에 관한 한 초자연적인 것이란 결코 없지 않나?) 그것들은 완전히 다른 존재의 두 범주를 대표하는데, 그 둘을 논증적으로 설명하기란 결코 쉽지 않다. 그렇다고 사람들이 시도하기를 그만두었다는 것은 아니다. 15,16세기에는 일반적으로 물체에 영적인 의미를 부여했으며, 실제로 이 생각이 모든 신비한 마법의 실행을 좌우했다. 금세기에는 양자역학적 두뇌에 의해 정신을 설명하려 하는 필사적인 시도와 더불어 정신이 물질화한 것을 흔히 발견한다.

그러나 물체와 영혼은 동일한 세계의 일부분이며, 우리는 양쪽 모두를 망라해 이해하려 해야 한다. 스피노자의 양면성을 지닌 이론의 어떤 것은 아직 흥미를 일으킬지 모르지만, 낡은 이원론과 관념론, 유물론적 해명은 더 이상 흥미를 일으키지 않는다. 스피노자는 자연을 하나로 보았다. 그의 일원론은 본질적이며 다른 어떤 것과도 독립된 속성들을 갖고 있는 실체에 대한 그의 개념에서 직접 비롯했다. 실체에 대한 그 정의로 판단하면 논리적으로 그런 실체는 하나밖에 없다——신 또는 자연. 그렇다면 정신과 물체는 동일한 실체의 국면들이 되어야 한다. 앞면과 뒷면이 동전의 두 국면이듯이.

과학 신화를 다듬는 일은 최근 들어 과학에 의해 시작된 도전이지만 불가피하게 얻어진 깨달음은 과거의 유물론보다 훨씬 더 복잡한 것이긴 해도 사실상 유물론적이다. 한 축에는 세계의 양자적 성격을 이해하려는 새로워진 시도가 있다. 다른 축이자, 무엇보다 야심에 찬 시도는 인류 발생 원리에 의해 우주에서의 인간의 위치를 설명하고 우주 자체의 기원을 설명하려는 시도이다. 인간 그 자체는 능력은 그의 유전적인 구조에 의해 제한되고, 기분은 화학적으로 제어되며, 두뇌는 미화된 컴퓨터인 생화학적 존재로 드러나고 있다. 만물 이론에 대한 추구가 만연한데, 물리학에서는 그것이 너무 돈이 들어서 계속할 수가 없는 경험주의적 기초로부터 거의 완전히 분리된 일종의 수학적 신학으로 주제를 전환하는 일에 위태롭게 근접한다.

전통적으로 종교에서 취급한 논제들을 역점을 두어 다루는 과학의 동태는 우리 각자가 갖고 있는 신앙 가치 꾸러미에 직접적으로 관계된다. 그것 때문에 우리는 이 새로운 유물론이 우리에게 이야기하고 있는 것을 상당히 신중하게 평가할 필요가 있다. 물리학은 기초가 되는 것이므로 우리는 양자의 세계에 대한 새로운 사고와 수학적 신학으로

쏠리는 추세를 이해할 필요가 있다. 우리는 과학 그 자체의 한계는 무엇인지, 또 마법으로부터 얼마나 절연되어야 의식 세계를 탐험하는 그 능력을 제한하는지 자문해 볼 필요가 있다. 그리고 마지막으로 우리는 이 새로운 사고가 어느 정도까지 종교의 대용물이 되어 주는지, 또 그것이 신이라는 존재에 관해서 할 말이 있다면 무슨 말을 해야 하는지 자문할 필요가 있다. 이 책은 이런 관심에 역점을 두지만, 주목적은 인간 감각은 물리학과 생화학의 체제 밖에 있으며, 그 체제에 한정시켜 기술할 수 없는 힘에 감응하기 쉽다는 현혹적으로 명백한 점을 새로이 진술하는 것이다. 어떠한 예술과 과학의 문화적 통합도 그 사실을 탑재할 것은 틀림없는 일이고, 만약 이것이 인간 문화의 지적 이중 국면을 수용하는 것을 의미한다면 그렇다 할 것이다.

2

과학의 한계

수학에서의 통찰력 확대와 새로운 발명의 가능성
은 무한하다. 계속되는 경험과 이성에 의한 경험의 통
합에 의해 자연과 새로운 힘, 법칙들의 새로운 특성을
발견하는 일 역시 마찬가지이다. 그럼에도 불구하고
우리는 여기에서 한계를 보지 못해서는 안 된다. 수학
은 단지 외양과 관계될 뿐으로, 판단력 있는 직관의
대상이 될 수 없는 것, 이를테면 형이상학이나 윤리학
의 개념은 수학의 영역을 아주 벗어나 있기 때문이다.

칸트, 《프롤레고메나(학으로 성립할 수 있는

모든 미래의 형이상학에 대한 입문)》

4백 년 전 서유럽에서는 자연을 이해하고 통제하는 일이 주로 마법
사——점성가, 연금술사, 신비철학자, 장미십자회원,[1] 그리고 그와 유
사한 사람——에게 맡겨져 있었으며, 상류 계급의 예가 셰익스피어
의 프로스페로[2]이다. 만약 세상에 대한 세속적인 이론이 있다면 그것
은 영과 악귀, 세상의 작은 부분과 다른 부분 간의 초자연적인 교감,

---

1) 상미십자회: 1484년 크리스천 로젠크로이츠(**Christian Rosenkreuz**)가 독일에서 창
설하고 17,18세기에 유럽에서 활동했던, 연금 마법술을 행하는 비밀결사회. 〔역주〕
2) 셰익스피어 마지막 작품 《템페스트》의 극중 인물. 〔역주〕

천체로부터 전해지는 발산물, 소우주로서의 인간 등에 관한 마법에 기초한다. 이 불길한 분위기에서 벗어난 과학이 천천히 구체화되고 발전해서 우리 모두 익히 알고 있는 엄청나게 강력하고 성공적인 활약을 펼치게 되었다. 마법과 온갖 조잡한 불합리들을 점차 떨쳐 버리자 종교가 그 신앙을 시험하고 새로운 합리성과의 고통이 아주 없었다고 할 순 없는 화해를 하여야 했다. 예술은 대단히 훌륭한 이유로 그 모든 일을 대부분 무시했다——하지만 과학의 발견물이 예술과 무슨 관계가 있었겠는가? 기술은 옛 모습을 전혀 찾아볼 수 없을 만큼 우리의 물질 생활을 바꾸어 놓았으며, 과학 사상과 그 정량법(定量法), 세상에 대한 그 논리적이고 분석적인 접근법은 이제 수십 년 전만 해도 상상도 못할 정도로 사회와 제도에 침투해 있다.

17세기에 조르다노 브루노와 요하네스 케플러·갈릴레이는 그들의 사상으로 로마가톨릭 교회에 충격을 줄 수 있었고, 또 충격을 주었다. 18세기의 소위 계몽 운동은 흄과 볼테르 같은 이들이 종교를 공격하는 것을 보았지만, 동시에 바흐의 경건한 미사곡을 듣고 산소를 발견한 조지프 프리스틀리 같은 초월적 선견에 헌신한 걸출한 과학자들도 보았다. 19세기에는 제임스 클라크 맥스웰과 마이클 패러데이같이 전자기학을 연구하는 독실한 그리스도교도들과 오늘날에는 상상하기 어려운 종교적 격정을 일으킨 다윈의 책 《종의 기원》의 출판이 있었다. 심지어 제2차 세계대전 동안, 그리고 그뒤에도 과학을 업으로 하는 이들에게 초월적 열정이 부족하지는 않았다. 원자폭탄 개발 계획의 암호명은 삼위일체였다. 로켓공학의 아버지 폰 브라운은 신앙심이 대단히 깊었으며, 아인슈타인이 상상한 신은 분명히 주사위놀음을 하지 않는 신이었다. 오늘날 서양의 교회들은 아직도 존재하고는 있지만, 일반적으로 과거보다 훨씬 비어 있다. 종교적 열정은 환경이나 동물의 권리, 또는 무엇이든 그와 유사한 것에 관한 강한 감정으로 성격이 크게 변했다. 낙태·안락사·우생학의 권리 같은 쟁점들이 아직도 제도적 종교의 반응을 불러일으키지만, 이 분야의 실제적인 문제들은 신에게 호소함으로써보다는 현실적인 도덕론이나 개별 행동에 의해 해결되는 경향이 있다. 만약 요즈음 과학자들이 신을 떠올린다면, 그것은 성경이나 코란을 연구함으로써 생겨나기보다는 자연을 연구함으로써 생겨난 경외감이 불러일으키는 환기 작용임이 거의 확실하다.

서양 사회가 보다 더 세속적이고 유물주의적이었던 적은 결코 없었으며, 개인의 미학적·도덕적·정신적 삶을 형성하는 평범한 인간적 가치는 점점 더 많은 사람들에게 점점 덜 중요해지는 듯하다. 과학적인 방법을 넘어선 모든 것을 의미 없는 것으로 정의하는 과학자와 철학자들이 존재했으며 아직도 존재하고, 그런 발언이 (말 그대로) 가치저하 과정을 촉진시킨다. 모든 철학의 학파는 빈학파에 의해 창조되었다. 빈학파는 양차 세계대전 사이에 루돌프 카르나프[3]를 중심으로 형성되었다. 이 학파가 언어와 그 의미에 집중함으로써 여러 해 동안 철학을 황폐화시켰다는 것이 많은 사람들의 생각이다. 그 중심 사상은 과학적 진술의 의미를 그 진실을 증명하는 절차로 정의하는 것이었다. 만약 실험으로 어떤 주장을 시험해 내지 못하면 그 주장은 무의미하다. 몇 년 전 **IBM** 연구실의 아주 재능 있는 물리학자 롤프 랜다우어가 나에게 말하기를, 자기는 측정될 수 없는 것은 무의미하다고 믿는다고 하였다. 따라서 검증주의(verificationism)는 여전히 살아 있으며, 건재하다. 그런 견해는 과학에 불리하다. 과학의 분명한 효능은 아마도 불가피하게 감지된 영적인 메마름을 과학의 엄청난 성공과 관련시키

---

3) **Rudolf Carnap**(1891-1970): 독일 출신의 미국 논리실증주의 철학자. 〔역주〕

고, 거기에서 멈추지 않고 흔히 그 기술적 응용과 관련된 다양한 물리적 재난의 책임을 과학에 돌리는 반과학적 긴장을 사회 안에 만들어 냈다.

그러나 과학은 그 고유한 방법에 의해서 범위가 명확히 제한된다. 분명한 한계는 측정을 하려면 혼란을 일으킬 필요가 있다는 것이다. 그 혼란을 가능한 작게 하려고 하지만, 때로는 그것이 가능하지 않다. 많은 사례들이 양자 체제에 존재하나, 측정 행위가 사람들의 행동을 바꾸는 이들이 연루되는 측정에서도 그런 일이 일어날 수 있다. 그것은 흔히 이야기되고, 또 그만큼 흔히 망각되는 한계이다. 이것을 깨닫지 않고서는 과학이 우리 문화 속에서 하고 있고, 또 할 수 있는 역할에 대한 균형잡힌 평가가 불가능하다. 그 주제의 현 분위기가 그러하므로 그러한 경계가 실제로 존재한다는 것이 어떤 이들에게는 놀라울는지도 모른다. 예를 들어서 다른 어떤 공포에 휩싸이는 일에 비해 사소한, 사람이 '광우병'에 걸릴 위험에 관해 최근 신문에 실렸던 기사들을 읽어보면——선정적인 신문뿐 아니라 고급 신문까지도——과학과 마법이 여전히 뒤섞여 있음을 나타내는 많은 수의 (아마) 교육받은 필자들이 있다고 생각하는 것이 용서될지도 모른다. 영리한 학부생들 중에서도 시간만 주어지면 과학이 모든 문제를 해결할 것으로 믿는 것을 볼 수 있다. 그렇기는커녕 과학은 분명하고도 피할 수 없이 제한되어 있다. 과학이 사용하는 방법들은 이성과 통찰력·상상력을 이용해 '자연계'를 이해하려는 목적에 적합한 상상할 수 있는 최고의 것이지만, 그럼에도 불구하고 아주 합리적이고 범위가 무한하며 무제한적으로 효능 있는 것으로 과학을 보는 관점은 과학을 위해서, 또 사회를 위해서 억압되어야 하는 (그리고 흔히 그래 왔지만 문화적으로 거의 알아채지 못하는) 신화이다.

물론 100퍼센트의 절대적인 진실을 만들어 내는 행위로 과학을 보는 관점은, 오래전에 흄이 경험에 의해 얻은 지식은 결코 신뢰할 수 없음을 지적했을 때 믿을 수 없는 것이 되었다.[4] 비록 자연이 관찰에서 귀납적으로 끌어낸 이론에 의해 서술되는 식으로 지금까지 행동해 왔을지라도 계속 그렇게 하도록 논리적으로 강요하는 일은 없었다. 그럴 것이라는 우리의 믿음은 바로 그것——믿음인 것이다. 우리의 모든 과학은 그 믿음에 기초한다——이성은 거기에 개입하지 않는다. 예를 들어 유클리드식 공간 같은 선험적 통찰을 가정함으로써 흄의 비판에 반격을 가하려는 칸트의 시도는 비유클리드 기하학 같은 뒤이은 발견물들보다 오래 살아남을 수 없었다[5](그러나 '유클리드식'이라는 말을 고려하지 않으면 칸트는 초시간적 의미——공간을 생각지 않고 질료의 결여를 생각하려고 하는——를 갖는다). 그럼에도 불구하고 경험주의는 물자체가 아니라 사물의 현상만을 다루어야 하고, 물자체는 우리의 지식의 범위 밖에 영원히 남아 있어야 함을 강조한 이는 바로 칸트였다. 그는 《프롤레고메나》에서 현상과 물자체를 혼동하는 것은 결국 무의미함을 지적하고자 애썼다. 그래서 세계는 시간과 공간에 따라서 시작이 있다는 주장과, 세계는 시간과 공간에 따라서 무한하다는 반대 주장은 둘 다 무의미하다. 무한한 공간이나 시간, 또는 세계를 제한하는 일은 경험 가능한 일을 넘어서는 것에 관한 생각이기 때문이다. 현대 우주론의 어느 부분은 고작 그 정도이다!

이론과 물체의 실제 모습 간에는 분명 다리를 놓을 수 없는 간격이 있다. 여기에서의 요점은 과학은 결국 그것이 무엇에 관해 이야기하

---

4) David Hume, *A Treatise of Human Nature*(Glasgow: Fontana, Collins, 1962).

5) Immanuel Kant, *Critique of Pure Reason*(Buffalo, New York: Prometheus Books, 1990).

고 있는지 모른다고 하는 역설적인 것이다. 과학자로서 우리는 자연의 행동 방식을 파악할 수 있지만 진짜 현실이 무엇과 같은지는 불가사의로 남아 있다. 많은 사람들은 우리의 이론은 세계를 조종하는 수단일 뿐이며, 참으로 근본적인 통찰은 전혀 구현하지 않는다고 주장할 것이다. 어떤 사람들은 과학이란 실세계에 대해 말도 안 되는 주장을 기술하는 논문을 인습과 범례에 따라 출판하는 행동일 뿐이라고 하는, 물리 및 생물과학자들에게보다 포스트모더니즘적 신조의 지식 계급과 사회과학자들에게 더 호소력을 갖는 더욱 극단적인 견해를 채택할 것이다. 분별 있는 견해에서 보면 과학 기술——사실상 세계를 조종하는——의 압도적인 성공은 이 회의주의가 거짓임을 입증한다. 우리의 이론에 부합하는 실세계가 존재함을 **입증**할 수는 없지만 존재를 철저히 의심하는 일은 불가능하다.

그럼에도 불구하고 원자는 정말 존재하는가? 전자는 정말 존재하는가? 우리 대부분은 그렇다고 믿지만——우리는 실험실의 매우 과학적인 현실주의자들이다——그것은 칸트식 통찰이라기보다는 실용주의로부터 생겨난 믿음이라고 해야 한다. 물리학자로서 우리는 중력·전기·자력 같은 힘에 익숙하지만, 아무리 익숙할지라도 이 힘들은 결국 불가사의하다. 그것들은 얼마간 떨어져서 작동한다. 우리는 그것들을 조종하는 법을 습득했지만 그것들은 정녕 무엇인가? 왜 질량이 질량을 끌어당겨야 하는가? 전하(電荷)란 무엇인가? 세계가 정말 무엇과 같은지 알고 싶어하는 것은 실증주의자들이 주장하듯이 무의미한가? 솔직히 나는 어린애처럼 중력이 정말 무엇인지 **알고** 싶지만 과학은 결코 나에게 이야기해 줄 수 없다는 것을 나는 알고 있다. 그것이 방법은 나에게 말할 수 있지만 목적이나 이유는 결코 말할 수가 없다. 그러나 종교가 아니라면 여기에서 과학은 다른 것들과 결코 다르지 않다.

그러면 과학이란 무엇인가? 내가 할 수 있는 최선책은 에드워드 O. 윌슨의 책 《학문의 대통일》[6]을 인용하는 것이다.

그 근거를 가능한 간명하게 표현하면, 과학은 **세상에 대한 지식을 그러모아 그 지식을 시험 가능한 법칙과 원칙으로 응축시키는 조직적이고 체계적인 활동이다.** 우선 과학을 의사(擬似)과학과 구분하는 진단에 도움이 되는 특징은 반복 가능성이다. 동일한 현상은 되도록이면 독립적인 연구에 의해서 다시 탐구될 수 있고, 거기에 부여된 해석은 새로운 분석 및 실험에 의해 확증되거나 폐기된다. 둘째, 경제. 과학자들은 가장 적은 노력으로 가장 간단하고 가장 만족스러운 형식——적확함이라 일컫는 결합——으로 정보를 추출하려는 한편, 가장 적은 노력으로 가장 많은 정보를 산출하려고 한다. 셋째, 측정. 만약 보편적으로 받아들여지는 저울을 사용해서 무엇인가를 적절히 측정할 수 있다면 그것을 애매하지 않게 일반화하게 된다. 넷째, 발견적 지도법. 최고의 과학은 흔히 예상치 못한 새로운 방향으로 더 나아간 발명을 자극한다. 그리고 새로운 지식은 발명으로 이끈 원래의 원칙들을 추가로 시험케 한다. 다섯째이자 마지막으로, 통섭. 잔존할 가능성이 대단히 높은 서로 다른 현상에 대한 설명은 서로 연결되고 모순이 없음을 입증할 수 있는 것들이다.

여기에 분명히 제시된 중요한 특징들이 있다. 반복 가능성, 경제, 수량화, 자극, 내적 일관성. 미학이 이론적인 적확성과 경제 개념, 곧 메타사이언스(metascience)의 존재에 대한 지침을 매개로 등장한다는 것은 주목할 만하다. 그러나 한 가지 빠뜨린 중요한 특징이 있지만 이것

---

6) Edward O. Wilson, *Consilience*(New York: Knopf, 1998).

은 곧 첨부된다.

　과학의 최첨단은 환원주의, 곧 자연계의 구성물로 자연을 뿔뿔이 조각내는 것이다…….

　두 가지 국면, 즉 분석(환원주의)과 하나를 조금 측정하고 조사하기 위해 다른 물리적인 세계를 조금 이용하는 불가피한 필요성——그것은 일종의 자기 참조이다——에 의해 한계가 부과된다. 그것 없이는 어떠한 진보도 상상할 수 없는 분석이 갖는 문제는 부분의 총합보다 더 큰 전체를 잃을 위험이다. 슈뢰딩거가 말했듯이 당신은 죽이지 않고서는 사람을 따로 떨어진 소립자들로 분해할 수 없다. 따라서 무엇인가를 잃어버릴 수 있다.[7] 인간 명세서를 분자나 유전자 명세서로 환원시키려는 모든 시도에 대해 똑같은 비판을 할 수 있을지도 모른다. 환원에 대한 그런 비판이 사람에게 있는 어떤 초자연적인 것을 암시할 필요는 없다. 분석은 여러 수준에서 진행된다. 한 수준의 언어가 다른 수준에서는 부적당할 것 같은 일은 어쩔 수 없다. 고체물리학자들은 결정체의 구조를 기술할 때 쿼크(quark)에 대해 이야기하지 않는다. 소프트웨어 엔지니어들은 트랜지스터에 대해 이야기하지 않는다. 따라서 분자생물학자들이 그들의 발견물을 영혼의 세계로까지 여러 수준으로 추론하는 경향을 보이는 것은 인상적이다.

　환원주의는 풍토성이다. 과학의 세계는 원자로 이루어져 있고, 원자는 전자와 핵자로, 핵자는 쿼크로 이루어져 있다. 전자와 쿼크가 무엇으로 되어 있는지는 신만이 안다. 그러나 환원주의라는 이 천의무봉의

---

7) Erwin Schrödinger, *What is Life? Mind and Matter*(Cambridge, 1980).

궁극적인 목적을 인간의 의식 현상까지 심사숙고하는 사람은 비범한 물리학자가 될 것이다. 그러나 세계를 단일체로 보는 사상, 그 끊임없는 직관적 통찰, 오래전에 폐기된 마법 이론의 특징은 그런 결합은 존재해야 한다고 요구하며, 그 생각은 유전학과 컴퓨터 과학 분야의 여러 과학자들의 사고를 자극한다. 윌슨의 책은 사회생물학적인 입장에서 이 감정을 표현한다.

통섭의 세계관의 중심 사상은 별의 탄생에서부터 사회 제도의 운영에 이르는 모든 실재하는 현상은, 그 순서가 아무리 길고 구불구불하게 이어질지라도 궁극적으로 물리학의 법칙들로 환원 가능한 물질적인 과정에 근거한다는 것이다.

이것은 명쾌하게 진술된 환원주의 선언서이다.

이 순서의 첫 단계 중 태고의 어느 수프 속에서 원자들이 복제 능력을 가진 분자가 되고, 그 분자가 큰 분자 구조가 되었을 것이다. 그런 절차가 틀림없이 생명이 기원한 원인이 됨에는 의심의 여지가 거의 없으며, 과연 어느 날 흥미있는 복제가 밖으로 나타난 것이다. 이것을 넘어서면 일은 점점 더 아주 복잡해진다. 성공한 복제자는 다른 성공한 복제자들에 대비하는 동시에 스스로를 번식시키는 힘을 심각하게 손상시키지 않는 보호 피막 또는 방호복을 개발해야 할 것이다. 아직은 그것이 식량 공급에 관계된 환경 변화에 적응하는 능력을 발달시키게 해줄 거래가 있어야 할 것이다. 그리고 디옥시리보핵산(DNA) · 유전자 · 염색체를 지닌 살아 있는 세포들과 관계된 기타 등등, 기타 등등. 기본적인 분자의 복제를 유전자와 결부시키는 것은 과학에 대한 엄청난 도전이며, 과학을 흥미롭게 만드는 것은 바로 이런 종류의 도전이다. 근본주의적 종교를 제외하면 그런 프로그램이 실행 가능하고 가치 있으며, 결국 성공할 것을 의심하는 사람은 거의 없다.

그런 확신은 그 생물학자들, 어쩌면 모든 생물학자들의 믿음으로 그들의 생명환원주의는 유전자와 더불어 시작된다. 그들은 분자를 복제하는 일에 관련된 결합을 화학에게로 안전하게 일임할 수 있으며, 유전자가 행동에 영향을 준다면 어떻게 영향을 주는지에 대해 집중할 수 있다. 리처드 도킨스는 이기적인 유전자라는 말로 은유적으로 요약된 기본적인 복제력을 타고나는 유전자에 대해 논한다.[8] 이 생각이 효과를 발휘하기 위해서는 아무래도 유전자의 생존 기회가 최대한이 되도록 동물과 인간의 행동이 조건지어져야 한다. 게놈 속에 각각 그 분화된 역할을 갖고, 또 그 고유의 (은유에 따르면) 최적화한 생존 전략을 갖고 있는 많은 유전자들이 있기 때문에 상상 가능한 인간의 어떤 행동이 어떻게 한 유전자의 생존 행동으로 명백하게 구속될 수 있을지는 분명치 않다. 이것은 진화론적 생존을 위한 시간의 척도를 고려할 때 특히 그래야 한다. 지질학적인 시간의 척도에 대한 기후상의 변화라기보다 사회 문화상의 변화라는 맥락에서의 생존일지라도 연루된 기간은 최소한 몇 세기는 될 것이며, 이것은 과장 없이 줄잡아 말하더라도 과학적인 결론을 끌어내기 어렵게 할 가능성이 있을 것이다. 그럼에도 불구하고 유전자들은 존재하며, 그것들이 사람의 체격과 눈빛깔·용모 등을 결정하는 것이 사실이다. 그러나 행동——근친상간의 회피 같은 서로 다른 사회에 널리 퍼져 있는 행동조차——의 유전적인 원인에 대한 주장을 실증하는 일이 얼마나 어려운지 알려면 지능과 같은 특성에 대한 선천-후천 논쟁의 해악을 떠올리면 된다.

---

8) **Richard Dawkins**, *The Selfish Gene*(Oxford, 1976).

그럼에도 불구하고 과학자들의 성격 속에는 인식론적으로 낙관적인 것이 있으며, 이것이 가장 확실하게 나타나는 곳이 윌슨의 책 《학문의 대통일》이다. 거기에서 저자는 다음과 같이 본다.

철학과 역사에서부터 도덕적 추론, 비교 종교, 예술 해석에 이르는 인문학은 과학 쪽으로 더욱 끌려가서 과학과 부분적으로 융합될 것이다.

그리고 더 나아가서

많은 학문의 분파들을 결합하고 문화 전쟁을 종결시킬 방법은 하나밖에 없다. 그것은 과학적 문화와 문학적 문화 사이의 경계를 세력권의 경계선이 아니라 양편 모두 협력해서 점유하기를 기다리는 대부분 개발되지 않은 광대한 지역으로 보는 것이다.

그러나 그는 다음과 같은 반응을 예견할 만큼 아주 현실적이다.

[철학자들이] 이렇게 기소할 것이다. 이본 합성, 극도의 단순화, 존재론적 환원주의, 과학만능주의, 그리고 경멸적인 접미사를 붙여 공식적인 것으로 만든 기타 죄악들. 그것들에 대한 죄상을 인정한다. 유죄, 유죄이다.

환원주의에 관한 한 그는 옳다——그것 없이 과학은 과학이 될 수 없다. 그리고 그는 도킨스의 문화 유전자,[9] 밈 사상에 자극을 받는다. 밈의 예는 다음과 같다.

선율, 의견, 이목을 끄는 문구, 유행하는 복장, 항아리를 만들거나 아치를 축조하는 방식.

밈은 한 뇌에서 다른 뇌를 복제하는 새로운 복제자, 아마도 뇌 속에 실제로 존재하는 중립적인 구조물들을 구성하는 요소들일 것이다. 내가 아는 한 밈 유전자 결합은 삼단논법에 의해 요약되는 듯 보인다.

유전자는 후성적인 규칙들을 규정한다.

문화는 유전자의 생존을 결정하는 일을 돕는다.

그러므로 성공한 새 유전자는 후성적인 규칙들을 변화시키고, 문화의 방향을 바꾼다.

윌슨 같은 사회생물학자들의 주장은 방대하다. 곤충 공동체에 대한 연구로부터 추론하여 그들은 진화론적 사회생물학의 원칙들이 인간 세계 전체의 도덕, 이타주의, 그리고 기타 모든 문화적 영향력을 설명하는 것으로 본다. 칸트의 절대적인 규범, 《도덕계통학》에서 니체의 분석, G. E. 무어의 직관적 도덕 인식은 모두 요점을 벗어났다고 본다. 요점은 도덕과 모든 문화적인 힘은 게놈이 생존하도록 발전하고 진화한다는 것이다. 사회환경적인 사건들은 사람들이 서로 이야기하고 서로에 관해 쓰고 서로를 다스리는 일과 마찬가지로 문화를 결정하지 않는다. 문화는 유전적이다.

---

9) Richard Dawkins, *The Selfish Gene*(2nd edn, Oxford, 1989).

내 경우에는 이 주장들을 간단히 신뢰할 수가 없다. 그것들은 구속이 풀린 과학만능주의의 산물이다. 그런 견해는 인간성에 대해 안심하거나 인간성과 화해하게 하지 않는다. 그러나 완화된 그런 주장과 좀 더 조심성 있게 제시된 사회생물학적 유추로 이루어진 과학에 대한 회유 프로그램은 활기에 넘치고 흥미로워 보이지만, 그것이 윌슨이 연구로 인정할 어떤 것에 의해 다른 측면과 조화된다고 보기는 어렵다.

내가 볼 때 문제는 두 문화가 양자물리학에 있어서 운동량과 위치, 에너지와 시간이 상호 보완적이듯이 상호 보완적이라는 것이다. 하나에 초점을 맞추는 것은 다른 것을 배격한다. 앞서 좌표기하학에서 끌어온 은유는 두 문화는 서로 직각으로 교차한다는 것이었다. 그 둘의 영역상의 접경에서의 생각은 그것들이 실제보다 더 동일하다고 가정한다. 학문에 관한 한 신중한 연구가 갖는 동일한 특성들인 행한 작업의 공개와 진실성은 양측 모두에 존재한다. 하지만 예를 들어서 윌슨이 제시한 예술의 정의로는 인지되지 않는 큰 차이점들도 있다.

예술은 비슷한 인식력을 갖는 사람들이 정보를 전달하기 위해 다른 사람들과 접촉하는 수단이다.

또는

과학과 예술의 공통된 특징은 정보의 전달이며, 같은 의미에서 과학과 예술 각자의 전달 양식을 논리적으로 동등하게 만들 수 있다.

그 모든 것이 예술을 측정 가능한 공리적인 범주에 넣는데, 예술은 절대로 거기에 속하지 않는다. 예를 들어서 베토벤의 9번 교향곡이나 보티첼리의 〈봄〉, 더햄 대성당을 생각해 보라. 예술이 무엇인지는 플라톤으로부터 오늘날까지 철학자들을 괴롭혀 온 문제이지만, R. G. 콜링우드가 납득이 가도록 주장했듯이[10] 예술은 기능이 아니다. 기능은 목적이 있으며, 그것이 그 목적을 달성했을 때를 안다. 콜링우드의 견해에서 정보를 전하는 목적을 갖는 예술은 이름이 잘못되었을 것이다. 그것은 기능일 것이다. 물론 예술을 기능으로 격하시키는 것은 과학과의 관계를 더욱 그럴듯하게 만든다. 그러나 만약 예술이 적어도 어떤 목적을 갖는다면, 그것은 다른 사람과 공유하든 공유하지 않든 예술가에 의한 인간 조건에 대한 일종의 찬사이다. 나중에 예술과 과학의 관계를 다시 다루게 되겠지만 지금은 예술, 어쨌든 **모든** 종류의 예술을 일종의 정보 기술로 격하시키려는 어떠한 시도도 무시하는 것으로 충분하다.

내친 김에 한마디 하자면 예술에서의 환원주의가 알려져 있지 않은 것은 아니다. 모차르트는 장난삼아서 주사위를 던져 구성된 음악을 썼다. 도입부를 이루는 소절 중 주사위를 던져 선택된 한 소절이 다시 주사위를 던져 선택된 응답 소절 하나와 짝을 이룬다는 발상이다. 그 결과 하나의 소품이 완성된다. 우리는 여기에서 어쩌면 모차르트의 음악 밈을 갖는다.

미시적인 세계에서 환원주의와 직면하는 역설의 하나는 그 세계를 분석하는 과정이 연구될 작은 부분을 그나마 세계로부터 분리해 내는 것을 필요로 하는데, 오늘날 그것이 위치한 양자 이론이 이 일이 불가능함을 알려 준다는 점이다. 전자나 양성자같이 원자보다 작은 미립자

---

10) R. G. Collingwood, *The Principles of Art*(Oxford, 1958). Aaron Ridley, *R. G. Collingwood*(London: Phoenix, Orion, 1998) 참조.

의 움직임은 작은 당구공의 움직임과 아주 다르다는 발견이 1920년
대와 1930년대에 양자역학의 발달을 이끌었다. 닐스 보어 · 베르너 하
이젠베르크 · 알베르트 아인슈타인 · 에르빈 슈뢰딩거 · 막스 보른 · 폴
디랙, 그외 많은 사람들의 이름과 관련된 혼란과 논전, 재기넘치는 수
학이 무분별하게 뒤섞인 후 이 새로운 물리학이 무엇에 관한 것인지
에 대한 견해가 드디어 구체화되었다. 보어의 실증주의적 접근법에 크
게 영향을 받았기 때문에 이 견해는 코펜하겐 해석으로 알려지게 되었
으며, 활약중인 물리학자들에 의해 널리 수용되었다. 거기에서는 원자
보다 작은 실체를 기술하는 모든 생각들은 단념되었다. 그 이론의 방
정식은 거시적인 장비와 상호 작용하는 양자 미립자의 결과를 기술하
는 도구일 뿐이었다. 측정이 취지가 되었다.

　물질계는 점점 더 신비스러워졌다. 양자 체계는 본질적으로 전체론
적인 것으로 판명이 나서 그 역학적인 상태를 나타내는 단 하나의 파
동 함수에 의해 서술된다. 몇몇 측정 체계와의 상호 작용은 이제 측
정 장치를 포함하기 때문에 양자 체계가 처음 생각했던 것보다 더 큼
을 의미할 뿐이다. 측정되는 체계의 파동 함수와 측정을 하는 체계는
뒤얽혀 있다. 게다가 측정 체계는 우주의 나머지 부분과 접촉하고 있
으며, 따라서 전체는 총체적 우주 양자 이론 파동 함수에 의해 설명된
다. 슈뢰딩거의 방정식에 의하면 모든 역학적 가능성은 결정론적 방
식으로 진화를 계속하지만, 우리가 측정을 할 때는 이 가능성 중 하나
만이 실현된다. 많은 물리학자들을 위해 현상들을 모으는 일은 우주가
모든 가능한 측정 결과를 포함하도록 계속해서 나누어지는 것을 믿음
을 의미한다. 다수 세계(또는 관련된 견해로, 다수 정신) 해석이 파동
함수에 현실성을 부여하고, 비범한 만큼 절대적인 슈뢰딩거의 방정식
에 인식론상의 수위(首位)를 내어 준다. 그같은 해석은 양자 이론에 대

한 기괴하면서도 무모한 태도이다. 확실히 양자 체계는 지역에 한정되지 않은 혼란이 갖는 이 기묘한 특징을 지니고 있으며, 그것의 파동 함수는 위치나 운동량 같은 특정한 물리적 수치 측정의 있음직한 결과를 나타내는 것이 틀림없지만, 일단 그것이 거시적 차원의 측정 기구와 상호 작용하면 명확한 결과가 나온다——가능성들 중 하나만이 실현된다. 우리는 이것을 파동 함수의 붕괴라고 부른다. 이 **파동 함수의 붕괴** 없이는 양자 체계에 대한 분석, 또는 사실상 어떤 것에 대한 분석도 불가능할 것이다.

코펜하겐 해석은 이 모든 것을 침착하게 주시한다. 파동 함수가 나타내는 것은 단지 특정한 측정 상황에서 이해되는 것에다가 일종의 내기를 하는 것이었다. 근원적인 실체는 칸트처럼 영원히 불가사의했다. 어떤 측정은 고전물리학[11]에 의해 정의 가능한 결과만을 제공할 수 있는 거시적인 장비를 사용하여야 했다. 그래서 미시적인 세계와 거시적인 세계 간에 어떤 분리가 있어야 했으며, 따라서 파동 함수의 분명한 붕괴는 단순히 이에 대한 증상일 뿐이었다. 양자 이론을 일상적으로 적용함에 있어서 누구도 그 모든 것을 다 걱정하지는 않지만, 많은 사람들에게 그것은 그 이론이 갖는 만족스럽지 못한 특징이다. 파동 함수를 붕괴시키는 것은 무엇인가? 표준 이론상 이에 대답할 것은 없다. 물질적인, 따라서 과학적인 세계의 기본 이론인 양자역학은 불완전해 보인다. 분석(현 맥락에서——측정)이 전체를 얼마나 파괴할지 말할 수가 없다. 흐트러지지 않은 양자 체계는 영원히 불가사의하다. 사실 세상의 기본적인 양자의 성격에 대한 이해는 아직도 매우 빈약하다.

다른 국면인 자기 참조는 과학을 그 자체 내에 가둔다. 과학은 자연

---

11) 상대성 이론, 양자역학이 등장하기 전인 20세기초까지의 물리학. 〔역주〕

의 사물들을 조사 연구하는 데에 자연의 사물들을 이용한다. 유명한 사례는 상대성 이론이다. 공간과 시간에 대한 칸트의 사상에 사용 가능한 정의가 있다. 역학적인 사상(事象)을 측정할 수 있도록 시간과 공간을 상세히 나타내기 위해서 우리는 또 다른 역학적인 사상——빛——을 이용하며, 빛은 우리가 아는 가장 빠른 정보 운반자이고 진공을 통과하는 장점이 있기 때문에 우리는 빛을 선택한다. 우리의 시계는 진동하는 세슘 원자[12]이고, 우리는 빛의 속도값과 빛이 최단거리를 취하는 경로를 정의함으로써 상대론적인 세계를 정의한다. 그렇게 기술된 세계는 정보를 얻기 위해 사용된 방법이 양적으로 정의한 곡선 모양을 한 시공의 세계이다. 그것은 절대적이 아니다. 빛보다 더 빠른 운반자를 발견하면 그것은 다른 세계를 드러낼 것이다. 그것은 그 자체에 의해 드러나고, 그 자체에 의해 기술되고, 궁극적으로는 그 자체를 결코 벗어나지 못하는 세상이 될 것이다.

과학은 본질적으로 물질의 움직임에 대한 서술이다. 물리학에서 서술하는 일은 차동(差動) 방정식에 의해 이루어지며, 그것은 물론 범위 조건만 알려지면 해법을 산출할 것이다. 범위 조건을 정확히 정의할 수 없는 경우는 대단히 많다(어떤 역학적으로 불안정한 비선형의 체계에서는 아무리 정확을 기해도 일정 시간 이상으로 동작의 정확한 묘사를 허락하지 않을 것이다). 기체의 역학 상태를 예견함에 있어서 우리는 각 분자의 시작 위치와 속도를 도저히 알 수가 없다. 따라서 우리는 하나의 본보기에다 선험적 개연성 사상을 부과하고, 그것에 의해서 우연과 임의성의 개념을 도입한다. 우연은 취지를 방해하고, 우연을 선택하는

---

12) 원자의 고유공명주파수를 기준으로 하는 가장 정밀한 시계인 원자 시계에는 보통 세슘 원자가 사용된다. [역주]

일은 우연이 개입하는 과학에 매우 도움이 되는 신중한 선택이다. 개연성의 개념은 고전물리학에서처럼 무지를 은폐하는 수단으로 이용되었을 뿐 아니라 양자 미립자들의 기본 수준에 필수불가결했다는 발견은, 자기 모순 없는 진술은 많은 평균적 행동에 대해 할 수 있을 뿐이라는 것을 의미했다. 자연에는 통계적인 요소가 중요하지 않은 당구공과 같은 몇몇 체계들이 있지만, 오직 통계적인 서술만이 가능한 많은 체계들이 존재한다. 예를 들어서 원자 기체의 경우에 존재한다고 이야기할 수 있는 동일 체계의 다수의 총체에 적용될 때에만 통계적인 생각은 의미심장하지만, 그 체계가 더욱 복잡하고 진기해질수록 그 개념은 점점 더 관련성이 없어진다. 동일한 사물의 다수의 총체라는 생가은 구성 요소가 동물이나 사람, 또는 사회나 행성 전체 같은 복잡한 것일 때 우리 대부분이 현실로 생각하는 것에 접근하기보다 점점 더 환상이 된다. 일찍이 스티븐 호킹은 양자 이론을 참작하는 어떤 우주 대통일장 이론도 사실상 통계적일 수밖에 없음을 지적하며, 하나의 우주가 아니라 "어떤 확률 분포에 의해 가능한 모든 우주의 총체"[13]를 암시했다.

명백한 수학적 도구주의의 범위를 넘어서 그것이 이런 종류의 어떤 인식론적 의미 진술을 갖는지는 세 가지 이유로 이해하기 어렵다. 하나는 대통일장 이론이나 만물 이론에 의해 암시된 것과 같은 과학에 있어서의 완전에 대한 사상을 수반하는 문제이다. 그런 이론이 수학적이고, 산술적으로 양을 표시할 수 있는 한 괴델의 불완전성의 정리가

---

13) Stephen Hawking, 〈Is the end in sight for theoretical physics?〉, *Physics Bulletin* *32*(1981): 15.

14) Kurt Gödel, *On Formally Undecidable Propositions of Principia Mathematica and Related Systems*(예를 들어 New York: Dover Publications, 1992 참조).

적용된다.[14] 1931년에 발표된 쿠르트 괴델의 논문은 수학계에 커다란 충격을 주었다. 수학은 순수한 논리에 의해, 또는 최소한 모든 수학적 진리가 추론될 수 있는 한정된 수의 전제에 기초한 체계로 형식화될 수 있다고 그 학과 안팎의 많은 사람들은 생각했다. 그러나 괴델이 이 직관적 지식은 전혀 참이 아님을 증명했다. 산수만큼 잘 조직된 어떤 수학적 체계도 어떤 한정된 전제에서 논리적으로 도출될 수는 없다.

만약에 괴델의 정리가 적합하다면 한정된 수의 공리를 가진 어떤 이론으로든 예상할 수 있는 것은 아니지만 그래도 발견할 수 있는, 산술적인 용어로 양적으로 표현할 수 있는 확실한 자연 진리가 있을지도 모른다. 이것 자체는 만물 이론을 추구하는 것을 무산시키지 않는다. 단지 그것이 만물 이론으로 판명날 수도 있음을 의미할 뿐이다.

유사한 기술적 의미에서 또 하나의 한계는 복잡성이다. 점점 더 많은 문제들이 요즈음에는 컴퓨터 모형으로 논의되지만 그것이 언제나 가능할까? 만약 어떤 복잡한 물리 체계를 양적으로 서술할 필요가 생기면 이용할 수 있는 가장 강력한(빠르고 기억 장치의 용량이 큰) 컴퓨터에 지시할 일련의 명령 형태로 수학적인 모형이 준비된다. 프로그램을 입력하고 컴퓨터의 하드웨어가 작업을 하는 것을 앉아서 기다리면 마침내 결과가 나온다. 문제는 이것이 언제나 성공적일 수 있느냐 하는 것이다. 임의의 어떤 명령들이 주어지면 컴퓨터가 언제나 결과를 산출한다는 것을 입증할 수 있을까? 골칫거리는 컴퓨터가 결국 멈춰서는 것을 결코 허용하지 않을 몇몇 간단한 프로그램을 써넣을 수 있다고 알려져 있는 것이다. 괴델이 1931년에 폭발적인 소동을 일으킨 논문을 발표하고 난 몇 년 후에, 무한히 강력한 컴퓨터——만능의 튜링 머신——에 입력된 일련의 몇 가지 임의의 조처가 컴퓨터를 결국 멈추고 결과를 전달할지 미리 알기는 불가능하다는 것을 앨런 튜링이

증명했다. 이것은 정지 문제로 알려져 있다.[15]

세번째 이유는 유일함을 처리하는 일이다. 우리는 이제 과학의 모든 한계 중 가장 심각한 것에 도달한다——유일무이한 것에 대처할 능력이 없다는 것에. 그 한계는 스스로 부과한 것이다——과학적인 지식은 전 세계적으로 공공연한 것이어야 한다. 그것은 세계의 어느 실험실에서든 유효하거나, 적어도 시험할 수 있어야 한다. 그러므로 그것은 서술할 수 있고, 반복될 수 있는 사건으로 다루어져야 한다. 그래서 모든 과학적인 실험은 유일한 사건이고 바로 이때, 바로 여기에서, 바로 이 특별한 장비로 저 발생학적으로 유일한 실험주의자에 의해 수행되어야 한다. 각각의 과학적 실험은 유일하고 반복될 수 없는 것이다. 실험주의자가 발표할 수 있는 과학은 반복될 수 있는 추출 가능한 것이다. 모든 유일하고 주관적인 요소들은 얻어진 것에 대한 진술에서 제거되어야 한다. 이런 식으로 과학은 자연을 구성하는 엄청나게 복잡한 사건들로부터 바로 그것들에 관해 충분한 정도로 반복될 수 있는 요소들을 추출해서 그것들이 확고한 과학적 지식을 얻게 만든다. 그것이 바로 과학의 기준에 맞는 자연의 부분들에 대한 인상적인 이해로 이끈 매우 생산적이고 성공적인 전략이다. 과학이 유일한 것들과 맞설 수 없다면서 우주에 대해 서술하려는 것은 무슨 일인지 누군가 물을지도 모른다. 사실은 우주의 총체적 효과에 대한 수학적 발상이 무엇이든 우리의 경험은 당연히 오직 하나의 우주에 관한 것이다. 다시 말하면 더 유일한 것은 없다. 그래도 우주론은 존재하고, 참으로 매혹적이다. 하지만 그게 과학이 아니면 달리 무엇이겠는가? 그것이 상

---

15) Andrew Hodge, *Alan Turing, The Enigma*(London: Vintage, 1983)에 재미있는 설명을 볼 수 있다.

대적으로 많은 원소들의 수량이나 우주의 극초단파 배경같이 관찰 가능한 것들을 취급함에 있어서는 확실히 과학이지만, 기원과 종말론에 관한 숙고는 아무리 매혹적일지라도 명백히 과학이라고 할 수는 없다.

자연은 순전히 기계적인 운동이 지배하는 바로 그런 요소들로 풍부하다. 이 점에 있어서 그것의 풍부함은 생물학에서는 현저하게 이반되고, 사람에게서는 거의 사라진다. 본래 과학에는 개별적인 인간의 가치에 관해 이야기할 그 어떤 흥미로운 것도 있을 수 없다. 심미적이고 도덕적인 경험은 본질적으로 개인에게 유일한 양상들로 이루어져 매우 복잡하고 고도로 주관적이다. 그럼에도 불구하고 그것들은 경험이고 자연의 일부이지만, 그런 유일한 경험은 영원히 과학의 지식 범위 밖에 있다. 예술 작품들 역시 유일하다. 그렇다고 그것이 그렇게 하려고 진지하게 꿈꾸리라는 게 아니라 과학이 베토벤의 9번 교향곡, 〈봄〉, 또는 더햄 성당에 관해 무슨 흥미로운 이야기를 할 수 있겠느냐는 것이다.

그러나 많은 분야에서 과학은 그것이 유일한 것에 대처할 수 없다는 비판에 대항할 수 있는 힘을 갖고 있다. 그것은 좋아, 그 유일한 사건들이 존재함을 받아들이자고 말한다. 자연은 너무나 복잡하기 때문에 자연에는 언제나 기묘하고 예상할 수 없는 유형의 상호 작용이 있을 것이다. 그러나 이 희귀하거나, 심지어는 유일한 사건들은 결국 문제가 안 된다. 거기에서 어떤 독특한 일이 일어나더라도 규범, 평균, 일반적인 것을 편애하는 자연의 경향에 의해 곧 소멸되거나 압도될 것이기 때문이다. 세상의 그 어느것도 유일한 것에 의해 결정적으로 바뀌지는 않으며, 따라서 유일한 사건들은 무시될 수 있다.

좀더 설득력 있는 반대 주장은 **어떤 종류건 정말 유일한 것은 아무런 객관적인 설명도 없을 수 있어서 과학만이 이 한계를 갖는 게 아**

니라는 것이다. 개념과 이론이 존재하려면 공공연하고 쉽게 전달될 수 있는 요소들이 존재해야 하며, 그것은 예술, 도덕, 그리고 어떤 인간 행동에도 적용된다. 예를 들어서 미학이나 도덕에 대한 객관적인 설명을 전개하는 것이 어려움은 가능한 대단히 다양한 인간의 반응을 다룬다는 것이며, 원칙적으로 과학은 그것을 다룰 수가 없다. 예를 들어서 베토벤의 9번 교향곡 외의 음악이, 보티첼리의 〈봄〉 이외의 그림이, 더햄 성당 외의 성당이 존재하기 때문에 미학은 객관성을 열망할 수 있다. 유일한 것은 인간 문화의 요소들 중 대량으로 존재하기 때문에 과학은 여기에서 제약을 받는다. 그러나 설령 유일함이 바로 그 성격 때문에 객관적으로 취급될 수 없을지라도 그것은 여전히 세상의 극히 중요한 구성 요소이다. 그것은 무시될 수 없다. 모든 인간은 유일하며, 인간의 반응에 대해 이야기하려면 알맞은 공공 언어가 존재하거나 발달해야 할지라도 유일한 것에 대한 인간의 반응 역시 유일하다. 과학의 언어는 확실히 공공 언어이지만 미학적이거나 도덕적인 경험을 묘사하기에는 적절하지 않다.

문제의 진상은 과학적 지식은 유일한 진리가 아니며, 언제나 가장 흥미로운 지식일 필요도 없다는 것이다. 그것은 다만 명확하고 비은유적인 언어를 사용해 모호하지 않게 기술될 수 있는 정확히 반복될 수 있는 것에 관한 지식이다. 무엇보다도 그것은 **서술에 의한 지식이다**. 그러나 러셀이 우리에게 상기시키듯이, 그리고 직접 경험함으로써 우리 모두 알고 있듯이 **면식에 의한 지식**도 있다. 보르도산 포도주와 부르고뉴산 포도주를 구별하는 능력을 습득하는 것이나 좀더 높은 수준에서 베토벤의 후기 4중주곡이 갖는 표현상의 미묘한 차이를 식별해 내는 능력을 발전시키는 것은 말만 사용해서는 요점을 놓치지 않고서 획득할 수가 없다. 게다가 필수적인 단어들은 전혀 존재하지 않는다. 귀기울여 듣고 있던 사람이 방금 연주했던 작품이 무엇에 관한 것인지 묻자, 슈만이 자리에 앉아 다시 그 곡을 연주하는 것으로 대답했다는 유명한 일화가 있다. 모든 예술 작품들은 이와 같다. 그것이 예술이 과학의 영향을 무시할 수 있었던 이유이다. 시는 유일하다. 말을 바꿔 설명하면 그것의 가장 중요한 요체는 사라진다. 인간은 유일하고, 누군가를 아는 것은 단순히 인물 개요를 읽는 것이나 과학에서처럼 그 사람의 생명 유지에 필요한 통계치를 입수하는 것과는 아주 다른 경험임을 모두 알고 있다. 예술 작품들을 반복적으로 접함으로써 심미적 감수성이 어린 시절부터 성장하는 것과 마찬가지로 도덕적 감수성 역시 옳고 그른 것을 반복적으로 접함으로써 성장한다. 문학적·철학적·종교적 저작에서 수사학은 막대한 역할을 담당하지만, 여기에서의 지식은 우선 한 사람에 의해 즉시 또 유일하게 경험되어야 하는 종류의 지식이다. 그것은 과학을 포함하는 서술에 의한 지식에 경험적으로 우선한다. 어떤 의미에서 그것은 마법의 세계를 살아남은 것이며, 진정한 의미에서 인간 정신에 과학보다 더 기본이 되기 때문에 살아남았다.

우리 자신을 포함해서 세상의 전체적인 성격에 대해 우리에게 알려주는 과학의 범위는 제한되어 있음이 분명하다. 주어진 어떤 영역에서 정확히 어디에 그 한계가 있는지는 심지어 과학 그 자체 내에서조차 논란의——때로는 격론의——대상이 될 것이지만, 나는 실로 과학이 이야기할 거리가 없는 인간 삶의 영역이 존재한다는 것이 슬프게도 누구에게나 항상 아주 분명한 것은 아니라고 생각한다. 1921년 영국을 방문하는 동안 아인슈타인은 캔터베리 대주교에게서 그의 상대성 이론이 신학과 무슨 관계가 있느냐는 질문을 받았다. 그의 부득이한 대답은 "없습니다. 상대성 이론은 순수과학의 문제로 종교와 아무런 상관도 없습니다"라는 것이었다. 과학은 방법의 문제에 있어서 신이 없이 행해진다. (라그랑주는 신은 많은 것들을 설명하는 아름다운 가설이라고 탄성을 질렀지만) 라플라스는 그의 작업이 결코 신에 대해 언급하지 않는다는 나폴레옹의 논평에 대해 그에게는 그런 가설은 전혀 필요치 않다고 응답했다.

　논리적으로는 과학이 잘 정비된 종교에 아무런 영향도 미쳐서는 안 되지만 영향을 미치고 있다. 이에 대한 이유는 개중 몇몇은 확실히 포착하기 힘들지만, 아무래도 전적으로 포착하기 힘든 것은 아니다. 종교에서 창조 신화에 기초하고 성서 구절의 뒷받침을 받는 부분은 명백히 과학적인 발견의 공격을 받기가 쉽다. 코페르니쿠스 이후 지구와, 따라서 인간은 더 이상 우주의 중심이 아니었으며, 따라서 아무래도 더 이상 신의 관심의 중심에 있지 않았다. 무한수의 세계에 대한 조르다노 브루노의 선견, 목성 위성들의 움직임에 대한 갈릴레이의 논증, 케플러의 지구의 타원형 궤도, 그리고 뉴턴의 중력 이론은 모두 인간의 하찮음을 강조했다. 확실히 이런 뜻밖의 새로운 사실들이 갖는 일반적인 효과는 언제나 비교적 소수의 지식인들에게 제한되었으며, 이 가운데 많은 사람에게는 인류의 공간적 위치 변화만으로는 신과 신의 창조물 간의 관계에 결정적으로 영향을 미칠 수 없었다. 다른 대부분의 사람들에게 지구는 여전히 중심에 있었으며, 아무것도 변한 것은 없었다. 19세기에 지질과학이 풍경의 기원에 대해 설명하기 시작하며 시간의 척도가 침식 과정에 개입되고, 좀더 두드러지게는 암석 속 화석의 기록과 성경 속에 제시된 어떤 것보다 엄청나게 광대한 지구의 역사를 지적하기 시작한 후 서양 세계 전체의 종교적 믿음은 결정적으로 변화되었다. 성경의 인간 역사는 틀렸다──인간 창조에 대해서 역시 틀릴 수 있지 않을까? 찰스 다윈의 책 《종의 기원》의 출현과 계속해서 일어난 진화 이론의 발전 및 보급은 가장 완고한 광신자들을 제외하고는 성경을 축어적으로 읽어야 한다는 생각을 최종적으로 없애버렸다. 인간 창조는 〈창세기〉의 설명보다 더 복잡한 것이 분명했다.

그러나 이 모든 것은 종교를 약화시키기보다는 세련하기 위해 받아들여졌을 수 있다. 독단적인 교리와 계시에 의존하기보다 신앙을 강조하는 것이 더 근거가 충분하고 강한 종교로 만든다고 많은 사람이 생각했을지도 모른다. 과학은 부적절한 종교적 신념의 작은 부분들을 식별하고 제거하는 일에 중요했다. 그러나 이 해석은 그 정당성이 어떻든간에 일반적으로 받아들여지는 것은 아니다. 일반적으로 종교에 대한 과학의 영향은 적어도 서양 사회에서는 거의 재앙으로 보인다. 사회가 일찍이 어떤 때보다 더 세속적임에는 거의 의심의 여지가 없으며, 그 원인은 과학의 성장과 각 계층에 기술이 침입한 데에 있다. 진정한 의미에서 과학과 기술은 신흥 종교가 되었다. 그것이 온갖 자유와 물질적 즐거움의 기원인 듯 보인다. 의학이 궁극적으로 세상의 질병을 몰아낼 것이라는 믿음은 더욱 속악한 데에 기초한다. 도덕과 사회 영역 전반에, 그리고 예술에 대한 해석과 그 발전에 과학이 개입하는 것을 받아들이는 일이 자연히 뒤따른다. 모든 것이 측량 가능하고, 삶에 정신적인 구성 요소가 있다고 보는 것은 난처하게도 점점 더 시대에 뒤져 보일 것이다.

그러나 과학이 종교가 되는 것은 기괴하다. 그것은 과학의 합리적인 한계를 훨씬 벗어난다. 종교와 종교의 가치에 관해 어떻게 생각하건간에 과학을 둘러싸고 있는 불합리한 기운의 영향이 사회에 유익할 수는 없다.

많은 과학자들이 매우 종교적이라는 사실에 주목하는 것은 의미 있다. 과학이 자연에 대해 드러낸 것을 심사숙고할 때 종교에 가까운 일종의 경외감을 느끼지 않는 과학자를 발견하기란 흔치 않을 것이다. 자연은 아름다울 뿐만 아니라 숭고하다. 칸트에게 있어서 아름다움은 꽃처럼 유한하고 제한된 사물 속에 존재하는 반면, 숭고함은 바다나 별같이 강력하고 무한한 것과 관계되는 일이었다. 흔히 신비한 종교적 경험과 관련시키는 저 겸양과 무아경이 뒤섞인 감정을 과학자들에게 불러일으키는 것은 바로 자연의 힘과 광대함에 대한 심오한 깨달음이었다. 그러나 과학이 요즈음 그 기술을 통해 생활 모든 영역에 실질적으로 침투해 들어가 있으며 제도적으로 신을 인정하지 않는 사실은, 일종의 삼투압에 의해 사회의 점점 증대하는 세속주의에 불가피하게 기여함에 틀림없다. 같은 방식으로 미학적이고 도덕적인 가치와 과학의 직교는 인간의 가치 저하 과정에 필시 합산되었을 것이다. 그 영향은 완전히 비논리적이고 글자 그대로 불필요하지만, 우리 인간의 유약함을 가정하면 아주 자연스럽다. 만약 과학이 사회의 몇몇 물리적 질환뿐만 아니라 그 정신적 질환의 한 원인이 된다는 비판을 받는다면, 이제 사람들이 과학을 있는 그대로 명확하게 볼 수 있도록 과학의 제한된 범위를 강조할 때이다.

우리는 이제 상당히 일반적인 제한——과학은 지적인 진공 상태 속에 존재하는 것이 아니라 그 자체를 넘어선 것으로부터의 지지를 필요로 한다는 사실——으로 눈을 돌린다.

3
메타사이언스

어떤 완벽한 발견도 평지나 평면에서 이루어질 수는 없기 때문이다. 만약 당신이 그저 같은 과학의 평면 위에 서 있으면서 더 높은 과학으로 올라가지 않으면 과학의 더 외딴, 그리고 더 심원한 부분을 발견하는 것 역시 가능하지 않다.

프랜시스 베이컨, 《학문의 진보》

과학은 주로 생명이 없는 것과 인격을 갖지 않은 것들을 조사함으로써 자신만의 영역을 구획하고는 살아 있는 것을 흔히 특별한 종류의 생명이 없는 물체로 간주한다. 그것은 어느 의미에서 시간에 제한받지 않고 변하지 않는, 반복 가능한 공공연한 사실의 세계를 찾아낸다. 그렇게 함으로써 과학은 불가피하게 스스로를 유일한 것이나 주관적인 것과 분리하고, 또 대체로 생성되고 있는 모든 현상과 분리한다. 초시간적인 보편 개념에 대한 그것의 진술은 개별적인 실험을 초월하고, 좀더 차원 높은 초시간적인 보편성을 제기하는 듯이 보이는 상황을 마음속에 그리게 한다. 의미는 무수한 관찰에서 추출되며, 포괄적이고 통일성 있는 우주의 이미지를 창조하기 위해 이용된다. 그러나 그 창조의 의미는 창조 그 자체에서가 아니라 더 높은 차원에서 기능하는 개념에서 발견된다. 불가피하게 과학은 그 메타사이언스를 필요로 한다.

그러나 메타사이언스는 가치와 감각의 세계에서만 생겨날 수 있으며, 여기에서 우리는 만약 과학 실행의 순수한 합리성을 주장하는 과학자가 아직도 존재한다면 각각 그 과학자들의 분노를 일으킬 것이 분명한 세 m——신비주의(mysticism), 마법(magic), 그리고 형이상학(metaphysics)——이 거주하는 세계로 들어선다. 그러나 실제 세계가 존재한다는 믿음은 형이상학적이다. 우리가 그것을 조종할 수 있다는 사실은 설명할 수 없으며, 마법적이다. 그리고 세계를 총괄적인 통합된 이론으로 기술될 수 있는 하나의 단일체로 보는 것은 신비적이다.

중세에는 지식과 이해의 신비한 경험을 실험적 지혜로 불렀다. 일이 되어가는 방식에 대한 명확하지 않은 느낌을 오늘날에도 모르는 것은 아니다. 아무나 못하는, 무엇이든 무성히 자라게 할 수 있는 '식물 재배의 재능'이 있는 사람들이 있다. 말로 나타낼 수 없는 의미에서 그들의 작업에 대한 감을 잡는 장인들이 있다. 그리고 오늘날에도 고도의 기술 중에서도 가장 높은 수준에 수정재배자, 전자공학자, 이루 형용할 수 없는 경험주의자들이 있으며, 그들의 직업은 과학적으로 기술할 수 있는 것임에도 불구하고 그들에게는 자신의 일을 함에 있어 느끼는 육감이 있다. 어떤 운동 선수가 다른 선수들보다 더 나은 식이다. 최고의 운동 선수들은 다른 사람들보다 손과 눈의 협조가 두드러지게 더 잘 이루어짐을 아무도 이상히 여기지 않는 것이 바로 현대 삶의 기이한 점이다. 그러나 최고의 과학자들에게는 어떤 의미에서 유사하게 그들의 동료들과 구분되는 재능, 이 경우 비범한 자질과 심안의 협조를 필요로 하는 재능이 있다고 주장하는 것은 얼마간 이단으로 간

주될지도 모른다. 그 주장은 과학하는 일에 기술이 있음을 암시할 것
이나, 확실히 과학은 엄격히 논리적인 학과이고, 과학을 잘하는 사람
들은 바로 논리적인 사고 방식을 가진 사람들이다. 논리적인 사고 방
식은 확실히 없어서는 안 될 속성이지만 그것으로 충분하지는 않다.
만약 걸출한 과학자가 마침 유명인이라면 그에게는 흔히 천재라는 명
칭이 붙게 되는데, 그것은 합리성을 정직하게 적용하는 것을 넘어서는
암시를 하고 있다.

　재주·재능·천재의 특성은 말로 설명하기 쉽지 않으며, 특히 그것
은 교육될 수가 없기 때문에 어느 정도의 신비함이 계속해서 거기에 부
여된다. 반면에 우주에 대한 신비한 경험은 합리화될 **수 있다**. 이것은
형이상학이 관계하는 일이다. 형이상학은 충족 이유의 원리——일어
난 일에는 합리적인 설명이 있다——에 기초해서 세상을 합리적으로
묘사한다. 예를 들어서 연속된 사건은 우연하게 또는 필연적으로 일어
날 수 있다. 만약 후자라면 인과율의 원칙이 적용될 수 있다. 물질은
근본적으로 미립자에 공간을 더한 것이거나, 소립자 같거나 힘의 작용
이 미치는 범위 같은 어떤 종류의 물질이 충만한 공간일지도 모른다.
물체의 무엇이 그것의 주요한 (초시간적인) 특성이고, 무엇이 그것의
부차적인(가변적인) 특성인가? 아주 분명하게 메타논리적인 세계에서
어디까지 논리를 적용할 수 있을까? 수학은 어디까지 적용할 수 있을
까? 등등. 만약 신비주의가 마법을 뒤덮고 형이상학적인 사색을 자극
한다면, 형이상학은 과학을 뒤덮고 오성을 추구하도록 자극한다.

　이의 가장 현실적인 증거는 과학에서 우리 모두는 실제로는 과학적
인 현실주의자들이라는 것이다. 받아들일 수 있는 이론들은 다른 이
론들과 긴밀히 결부되고 사실과 일치되는 것들이다. 매일의 토론에서
전자와 전자기장은 우리의 생각이나 상상과는 독립된 실세계에서 존

재하는 실재하는 실체들이다. 우리는 우리 자신과는 아주 분리된 실세계의 존재를 믿으며, 매번 실험할 때마다 그에 대해 조금씩 더 배운다. 이것이 실험실에서의 과학을 뒤덮는 근본적인 형이상학이다.

그럼에도 불구하고 그것은 많은 과학철학자들이 지칠 줄 모르고 계속해서 우리에게 이야기하듯이 논리적으로 변호할 여지가 없다. 심지어 과학자들 자신마저 순진한 실재론에 대해 경고한다. 1800여 년 전에 프톨레마이오스는 태양계의 주전원 이론을 행성 운동을 정확히 설명한다는 의미에서 '현상을 구원'하는 것으로 간주했다. 오늘날 우리 과학적 실재론자들은 그 이론을 부적당한 것으로 간주할 것이며, 비록 당시에는 보다 덜 정확한 것이었을지라도 사모스의 아리스타르코스의 태양 중심 이론을 선호할 것이다. 우리는 태양이 지구 주위를 도는 것이 아니라 지구가 태양 주위를 돈다는 것을 믿으며, 케플러와 뉴턴의 이론에 비추어 그것은 확신의 정도에 이르는 믿음이다. 그러나 뉴턴 자신은 그의 멀리서 작용하는 마법적인 중력의 끌림에 대한 물리적인 설명이란 없다고 경고했다. 17세기의 피에르 가생디로부터 금세기의 닐스 보어에 이르는 사례들은 이론이란 그저 실물을 기술하지 않는 예언, 곧 편리한 허구의 도구일 뿐이라는 견해를 증식시킨다. 카르나프와 빈학파의 사람들 같은 실증주의자들로 말할 것 같으면 증명 기준이 분명히 정의된다면 하나의 이론은 다른 이론이나 마찬가지로 좋다. 포퍼가 증명을 반증과 교체한 것도 비록 그것이 많은 사이비 과학을 제거하는 데 확실히 도움이 되기는 해도 사태를 근본적으로 바꾸지는 않는다.[1] 극단적으로 말해서 파이어아벤트는 "뭐든지 괜찮다"[2]고 했다.

---

1) Karl R. Popper, *The Logic of Scientific Discovery*(London: Hutchinson, 1977).
2) Paul K. Feyerabend, *Against Method*(London: Verso, 1978).

　이 관점은 우리가 자연이 실제로 무엇과 같은지 알지도 모른다는 가능성을 부정한다. 저기 저 우리의 감각 기관 너머에 있는 것은 무엇이건 기본적이고 본질적으로 알 수가 없다. 우리가 할 수 있는 것이라고는 자연에 유사하게 작용하는 본보기와 지도와 은유를 고안하는 것이다. 과학적인 이론이란 '실체'가 무엇이든간에 아무런 **직접적**인 왕래 없이 우리 정신이 만들어 낸 것이다. 우리의 이론은 논리적으로 증명될 수 없기 때문에 그 상태는 참으로 불확실하다. 그러므로 최후의 수단으로 무엇이든 괜찮다.

　극단적인 실재론자의 견해는 만약 하나의 객관적인 절대 이론이 가능하지 않으면 과학은 예술 형식이 된다는 것이다. 인간은 자연이고 따라서 감정 이입이나 (칸트가 주장했듯이) 선험적 직관, 또는 인과율 같은 플라톤의 형식을 직접적으로 인식함으로써 자연을 알 수 있다는 실재론자의 초합리적인 주장을 부정함으로써 실재론자들은 과학을 아마도 어떤 다른 형이상학적 견지에서 본 심미적 원칙을 판단하는 일종의 형이상학적 여흥으로 전환하는 듯하다.

　분명히 과학 이론의 의미는 과학 그 자체가 아니라 상반되는 형이상학적 체계의 메타사이언스에 있다. 확고한 실재론자가 되기 위해 자연에 대한 하나의 객관적이고 절대적인 이론의 존재를 주장하는 극단적 형이상학적 실재론을 믿을 필요는 없다. 과학적 실재론자는 자연은 어느 정도 인식 가능하다는 데에 대한 믿음, 즉 물질계 안에서 진행하는 것과 우리에게 이해될 수 있는 것 간에는 교감을 이루는 왕래가 어느 정도 있다는 믿음에 의지한다. 과학적 실재론은 본질적으로 오래 전 피타고라스의 소우주-대우주 신조를 받아들이지만, 경험에 의해 탐구된 감정 이입을 통한 지식을 사용해 받아들인다. 불가해한 상응에 대한 믿음으로 인해 괴로운 반실재론자들은 세계를 실질적으로 이해할 수 있는지 생각하기를 포기하고, 과학적인 이론의 가치를 판단하기 위한 대안이 되는 기준을 탐색한다. 이것은 불가피하게 순수한 궤변, 즉 프로타고라스의 공식 같은 것으로 이끌며, 거기에서는 자연이 아닌 인간이 척도가 된다.

인식할 수 있는 실체에 대한 거부는 그런 모든 회의주의의 부담이다. 사람의 상상력은 진정으로 자연을 지식의 의미심장한 객체로 이용할 수 있는지 심사숙고하도록 허용하지 않는다. 그것을 그런 식으로 표현하는 것은 이 회의주의의 공험함을 강조한다——상상력을 억제하다니 얼마나 터무니없는가! 메타사이언스의 법칙 중 하나는 확실히 **지식을 습득하는 인간의 영역을 제한하는 생각은 상상력을 허용하지 않고, 제한하지 않는 생각은 상상력을 해방하는 까닭에 후자가 전자를 능가함으로써 전자를 절멸시킬 위험이 있다는 것이다.**

경험에 의해 탐구된 감정 이입에 의한 지식이라는 생각은, 사물과 그것들의 상호 작용으로의 분명한 분석적 분할이 가능하다고 보는 것이 생경한 초월적 화합의 세계를 암시한다. 우리가 그 일부를 이루는 세계에 대한 단일성이 있고, 여기에서 감정 이입의 가능성이 나왔다. 사실 물리학은 단일성 의식으로 충만해 있다. 그것은 피타고라스의 학설에 뿌리박고, 뉴턴의 위업에서 경험적인 힘을 끌어낸 의식이다. 사과의 낙하를 결정하는 법칙들은 행성의 운행 역시 결정한다. 힘과 관성 사상이 모든 기계적 현상을 망라한다. 자력·정전기학·동전기(動電氣), 그리고 빛이 자연의 한 국면인 전자기임을 알게 되는 발견에 단일성에 대한 또 다른 증거가 있었다. 이제 확실히 단일성 의식이 물리학에 동기를 부여한다.

그러나 물질은 이 탐구에 완강히 반항하는 듯이 보인다. 소립자들의 표준 모델은 12개의 기본 입자(6유형의 쿼크와 6유형의 렙톤[경입자])

와 각각 고유의 입자(중력자, 광양자, $W^\pm$와 Z^0 입자)를 갖는 기본이 되는 4개의 힘(중력, 전자기력, 전기약력, 강력), 그리고 강력한 핵력을 나타내는 6글루온 정도를 인지한다. 또한 소립자 질량을 설명하기에 필요한, 아직 발견되지 않은 힉스 입자도 있다. 그렇게 되면 24가지이고, 그밖에 반입자들이 있다. 물질계는 48가지 물체로 되어 있다.

방사능을 전달하는 상호 작용인 약력을 이제 전자기력과 결부시킬 수 있다. 현재 원자핵 안의 소립자를 억제하는 힘인 강력과 중력은 계획 밖에 있지만, 소립자는 점보다는 끈과 비슷한 모양이라는 끈 이론 분야에서는 엄청나게 높은 에너지에서 페르미 입자(각(角)운동량이 반정수(半整數)인 소립자들)와 보손[복합인자](각 운동량이 정수인 소립자들)이 균형을 이루게 하는 데서 발생하는 많은 미립자들을 더하여 모든 표준 모델의 미립자들을 통합하는 것을 목표로 집중적인 이론적 노력을 기울이고 있다. 수학에 다재다능하다면 그것은 결국 만물 이론에 이를 것이 확실하다.[3] 피타고라스에 의한 일자(One)의 신격화만큼이나 오래된 단일성의 추구는 오늘날의 기초 물리학에서 추진하는 계획이다. 그러나 물리학에서 특정한 연구 계획을 만물 이론 찾기라고 부르는 것은 쉽게 과학만능주의로 이끄는 심적 경향을 나타낸다. 물론 그것이 만물 이론은 아니지만, 이미 알고 있는 모든 소립자들과 작용 범위들을 모든 에너지에 포함시키려 하는 물질 이론으로서 그것은 확실히 호기심을 자극하고 의욕을 불러일으킨다.

이 추구의 한 가지 결과가 연구의 두 분과, 즉 고에너지 물리학과 우주론의 합병이었다. 다양한 기본 상호 작용의 특징을 이루는 에너지

---

3) 예를 들어서 John D. Barrow, *Theories of Everything*(New York: Fawcett Columbine, 1991) 참조.

의 범위는 엄청나서 약 10의 40제곱쯤에 걸쳐 있다. 저에너지에서의 말단에는 중력이 있고, 고에너지에서는 강한 상호 작용이 있다. 이해하겠지만 그것은 통일하기 좋은 상황은 아니다——에너지에 있어서의 상위가 너무 크다. 그 해결책은 우주 생성 때의 대폭발과 같은 상황에서, 따라서 우주론과 관련해 생각할 수 있는 일로 모든 것이 같은 에너지를 갖는다고 보는 것이다. 초기에는 모든 것이 다른 모든 것이나 마찬가지로 엄청난 고에너지에서 완벽한 균형을 이루었다(즉 만약 중력 때문에 시간이 공간과 혼합되어 있는 이유로 우리가 이야기할 수가 없는 발단에 대해서 이야기할 수 있다면). 차후에 일어난 우주의 진화는 그 균형을 깨뜨리고(〈창세기〉에서 아담과 이브의 창조로 그렇게 하듯이), 상호 작용하는 다양한 소립자의 족(族)들이 두드러지게 된다(은총으로부터 타락). 새로운 창조 이야기가 형성되는 중이지만 과학이 얼마나 되고, 신화가 얼마나 되는지는 두고봐야 한다. 끈 이론을 지지하는 사람들에게조차 그 예언이 경험적으로 얼마나 충분히 시험될 수 있을지는 분명하지 않다.

단일성에 대한 추구는 본질적으로 존재론——생성이라기보다 존재——에 대한 추구이다. 그러므로 그것은 그에 걸맞게 신학적이다. 적어도 사용한 수학에 따라 당연히 해야 하는 구분을 자연은 못하는 것으로 보인다. 이 당황스러운 헤라클리투스의 변화가 있다. 만약 우리가 세계를 완전체로 본다면 아무런 변화의 개념도 있을 수 없다. 베토벤이 곡을 쓰는 책상에 깐 유리 밑에 넣어둔 칸트의 《판단력 비판》 주석에서 발견된 이시스 신전의 비문대로 "나는 존재한다는 것이 나다."

나는 존재하고 존재했던, 그리고 존재할 모든 것이며, 어느 인간도 나의 베일을 벗긴 적이 없다.

매우 일원론적인 어떤 것이 현대의 어느 끈 이론주의자에 의해서 확실히 그 베일을 들추게 했는데, 그는 베일에서 멈추지 않을지도 모른다! 그러나 움직이는 표적은 맞추기가 더욱 어렵다. 무엇에 관해서 움직이지? 거기에는 좀 재미있는 이야기가 있다. 우리는 정지된 것과 관계가 있는 운동에는 익숙하지만 모든 운동이 그런가? 절대적인 운동 같은 것이 있을 수 있을까? 또는 모든 운동, 모든 변화는 상대적인가?

시사하는 바가 많은 일원론적 사상은 《파인먼 물리학 강의》에서 발견되는 운동에 대한 일반 방정식에 관한 것이다.[4]

$$U=0.$$

이 방정식 왼쪽의 U는 역학·전자기학 등의 모든 운동 법칙을 통합한다. 이 방정식은 훌륭해 보이지만 파인먼이 지적하듯이 역학·전자기학 등의 개별 법칙들만을 내포한다. 특정 경우에 그 방정식을 적용하는 즉시 분명해질 것이지만 일원론적인 성격은 그저 겉보기에 그칠 뿐이다. 무조건적인 맥락에서의 변화의 법칙은 결코 있을 수 없다. 연구되는 체계와 우주의 나머지 부분 간에는 언제나 이원성이 존재하지 않을 수 없으며, 이 이분법은 언제나 어느 정도까지는 판단의 문제이다. 봄은 현대판 플라톤의 충만의 원칙인 '자연의 양적 무한성'을 강조한다. 변화하는 어떤 체계도 언제나 유한한 사물들만을 다루고, 나머지는 무시해야 하는 까닭에 일반적일 수가 없다. 그것은 그 시스템의 계면(界面)과 우주의 나머지에서의 영역 조건이라는 성가신 일을 낳

---

4) Richard P. Feynman, Robert B. Leighton and Matthew Sands, *The Feynman Lectures on Physics*(Reading, Mass.: Addison-Wesley, 1963).

는다. 불가피하게 이것은 그 체계의 인과 관계로 관련된 기술할 수 있는 사건과, 환경의 '공식적'인 또는 '무작위적'인 요동을 우발적으로 구획하는 이분법을 수반한다. 여기에 모든 것을 포용하는 운동 이론이 있을 가망은 없다. 과학에서 단일성 사상은 존재에는 적용 가능할지 모르나 생성에는 가능하지 않은 듯하다.

그러나 그것은 종래의 일원론과 아무런 차이가 없다. 탈레스는 세상을 단 하나의 물질, 곧 물로 보았으며, 그의 계승자들은 세상을 구성하는 재료의 성질에 있어서만 차이가 났다. 이 사상에 대한 가장 훌륭한 설명은 스피노자의 설명이다. 물질의 진정한 성질은 다른 어떤 것의 개념과 형식적으로 독립된 개념이라는 것이었다. 즉 그 특성이 외적 원인의 특성인 그 어떤 것도 물질이라고 할 수 없다. 서로 다른 특성을 가진 두 물질은 따라서 공통되는 것이 없으며, 그래서 어떤 의미에서건 하나가 다른 것의 원인이 될 수 없다. 만약 하나 이상의 물질이 존재한다면 그것은 설명을 필요로 할 것이며, 그것은 그 물질 자체 이외의 요소를 도입할 것이다. 그러므로 논리적으로 오직 하나의 물질만이 존재할 수 있다. 스피노자는 이 물질을 신 또는 자연이라고 불렀다.[5] 이 논리적 범신론은 일원론을 규정하는 요소로서 '물질'을 받아들이는 합리적인 결론이다. 끈 이론은 스피노자의 물질에 대한 수학적 정의를 겨냥하는 듯이 보인다.

좀더 추상적인 일원론은, 사물의 본질은 그것과 다른 것과의 관계로 이루어져 있다고 추정한다. 즉 책상 위의 책은 바닥 위의 책과는 다르다. 우주의 실체는 서로 관계된 단일체의 실체이다. 플라톤의 형식과 과학적의 법칙은 단지 실례가 없는 비실재인 추상적 일반 개념일 뿐이

---

5) Benedictus de Spinoza, *Ethics*(London: Dent, 1723).

지만, 반대로 말하면 일반 개념이 없는 모든 실례들은 아무것도 아니라는 것이다. 칸트가 말했듯이 내용이 없는 생각은 공허하다. 개념 없는 직관은 맹목적이다. 일반 개념들과 구체적인 사상들은 구별할 수는 있지만 분리할 수 있는 국면들은 아니다. 두 국면을 다 포함하는 전체만이 실재한다. 과학은 그것과 동행할 것이다.

그렇다면 당연히 최고의 실체는 절대적인 전체라는 결론인 듯하며, 헤겔은 전체가 아는 정신과 알려진 대상으로의 구별에 선행한다고 주장한다. 그렇다면 세계의 실체는 절대적인 이데아이다.[6] 논리적인 관계가 세계를 하나로 잇는 현대 철학의 한 가닥인 논리적 일원론을 거기에 덧붙여 보라. 그러면 오늘날의 수학적 물리학의 세계에 대한 공정한 기술이 된다.

과학에 호소하지 않는 일원론의 한 시각은, 사물은 유기적으로 관련된다는 생각이다. 과학은 세계를 절멸시키는 데 많은 시간을 소비하므로 만일 이 견해가 인지될 경우에 공포스럽게 생각되리라는 건 놀랍지 않다. 그럼에도 불구하고 그것은 유기체 학설을 위해 유물론을 포기할 것을 옹호한 대단히 출중한 수학자 앨프레드 노스 화이트헤드에 의하여 20세기 전반기에 공표되었다.[7] 그의 견해에 의하면 다른 것과 구별되는 우주의 특징은 생물의 기관(器官)처럼 전체적인 양식에 따라 기능하고 목적이 있는 구조 속으로 체계화된다. 유물론의 전체적인 개념은 추상적인 존재물에 적용될 뿐이지만 현실에 입각한 영속적 존재물들은 유기체이고, 이것들이 분자와 원자 · 전자의 운동을 결정한다.

---

6) 예를 들어서 Frederick G. Weiss, *Hegel, The Essential Writngs*(New York: Harper and Row, 1974) 참조.

7) Alfred North Whitehead, *Science and the Modern World*(London: Penguin, 1938).

이 이론에서 분자들은 일반 법칙에 따라 맹목적으로 움직일지도 모르지만, 분자들 고유의 특성은 그것들 스스로 발견하는 상황 전반의 유기적 계획에 따라 다르다.

생체 안의 전자는 몸의 계획이 있기 때문에 몸 밖의 전자와 다르다. 부분을 분석함에 있어서 과학은 아무래도 실재하는 고유한 유기적 관계를 이해하지 못하므로 당연히 목적의 그 어떤 증거도 알아채지 못한다. 화이트헤드는 우주에 기술을 재도입하고, 그것으로 자연 세계와 가치 세계 간의 고리를, 과학에 의해 오랫동안 포기되었던 고리를 다시 잇는다.

실질적이고 합리적인 일원론은 현대 물리하에서 중심 위치를 찾은 데 반해 유기적 기계론 사상은 그렇지 못하다. 그 가장 가까운 영향은 아마도 소위 인류 원리라고 하는 것에서 볼 것인데, 우주는 그 원리에 따라 인간 삶이 가능하도록 구성된 것으로 보인다.[8] 그러나 맥스 보른에게 보낸 한 서한에서 아인슈타인은 썼다.

살아 있는 물질과 명쾌함은 반대된다——그것들은 서로로부터 달아난다.[9]

만약 세계가 정말로 유기적 단일체이고 그 정도로 살아 있다면 우리는 그것의 세부를 수학적으로 명쾌하게 이해하게 되기를 바랄 수 없을 듯이 보인다.

---

8) John D. Barrow and Frank J. Tipler, *The Anthropologic Cosmological Principle* (Oxford, 1986).

9) 예를 들어서 Albert Einstein, *Ideas and Opinions*(New York: Dell, 1981) 참조.

만약 세상이 어떤 종류의 단일체가 아니라면 과학 이론들은 오직 전문적으로만 적용되어야 할 필요가 있으며, 서로 긴밀히 결부될 필요가 없다. 오늘날의 물리학에서 후자를 믿는 사람은 거의 없다. 대개의 사람들은 아주 자연스럽게 세계에 대한 통합된 견해가 가능하다고 생각하며, 게다가 그것은 현실과 부합하고 전혀 독단적이지 않을 견해가 될 것이다. 그러나 불행히도 단일체 추구는 최근에 지금까지 상상했던 가장 원대한 다원론으로, 즉 다수의 우주라는 다원론으로 이끌었다. 그것은 확대해서 표현된 플라톤의 충만의 원칙이다.

다수의 우주에 대한 필요는 궁극적으로 양자계가 갖는 근본적으로 통계적인 성격에서 유래하며, 이것은 세 가지 방법으로 스스로를 드러낸다. 양자 이론에서 실체를 다(多)세계 해석의 파동 함수에 할당하는 것은, 파동 함수는 결코 무너지지 않지만 세계는 계속해서 무수한 가능성으로 분기함을 의미한다. 통합된 이론을 추구함에 있어서 자연에 근본적으로 존재하는 축소시킬 수 없는 불확실성의 존재는 어떤 통합된 이론도 걸맞게 통계적이어야 한다는 것을 의미한다. 앞서 언급했듯이 이것은 스티븐 호킹의 말에 따라 "어떤 확률 분포를 갖는 우주의 총체적 조화"[10]를 숙고해야 함을 의미한다. 우주론에는 관찰된 우주의 특징과, 특히 어떻게 이들 특징이 우주 생성 때의 대폭발에서 서서히 발전했는지에 대해 설명하는 문제가 있다. 우주의 획일성과 등방성은 초기에 널리 퍼진 양자 요동에 나타나는 특히 다루기 힘든 특징들이다. 앨런 구스에 의하면 하나의 해결책은 팽창 이론으로, 우주의 한 작은 부분이 아주 빠르게 팽창해서 요동 효과가 희석되며, 우리가 우리의 우주라고 부르는 것은 바로 대문자로 된 우주의 바로 이 부분이다.[11]

---

10) 같은 책.

우리의 우주는 따라서 그저 수많은 인플레를 일으키는 거품을 포함하는 서로 영원히 고립된 근원적 우주(meta-universe)의 일원일 뿐이다.

실험실의 발견물로부터 전 우주와 창조 그 자체에 이르기까지 확신에 차 추정하는 일은 자연의 획일성과 그 인식 가능성에 대한 뿌리 깊은 믿음을 보여주는 두드러진 증거이다. 그러나 많은 경우 그것은 효과가 있다. 그것은 또한 그 한계에 대한 유물론의 원칙들을 시험하고 있기도 하다. 당구공들은 불명확하고 그 운동은 예측을 불허함에도 불구하고 이론들은 여전히 운동중인 미화된 당구공들에 관한 것이다. 생명의 존재와 그 유기적 특성은 마음을 교란시키는 항존하는 사실이다. 최소한 그것은 좀더 정교한 유물론이 요구됨을 시사한다. 고수준의 유물론을 창안해 내는 일은 틀림없이 우리의 우주관에 영향을 미칠 것이므로 현재보다 더 정교한 방식으로 생명 그 자체의 문제를 붙잡고 늘어지기에 앞서 우주론적 만물 이론에 너무 주의를 집중시키는 것은 어쩌면 시기상조일 것이다.

소위 '연(軟)과학'——사회학·심리학·인지과학 등——은 어느 날 물리학이나 화학 같은 '경(硬)과학'이 될 것이라고 보는 경향이 있다. 가장 기초에 해당하는 물리학은 패러다임으로 받아들여진다. 그러나 물리학은 그 고전적인 기계론적 기반에서부터 먼 길을 왔다. 기계적인 결정론은 심하게 수정되었다. 게다가 그 학과의 동질성은 일반적으로 인식되는 것보다 훨씬 많이 줄어들었다. 패러다임의 성격이 변했으며, 변하고 있다. 물리학에 있어서조차 새로운 시각들이 발견되어야 한다.

시각은 견해이다. 사람이 물리학에서 견해를 갖는다는 것이 가능할

---

11) Alan Guth, *The Inflationary Universe*(Reading, Mass.: Perseus Books, 1997).

까? 좀더 정확히 말해서 그 견해가 아닌 어떤 견해를 가질 수 있을까? 실세계가 저 밖에 있고, 실세계의 진실은 과학의 경험적인 방법을 통해 알 수 있는 개념일 것이라고 생각한다. 그것은 예를 들어서 한때 심각한 경쟁 상대였던 초자연적이고 마력을 지닌 힘으로 가득한 마법의 영역으로 세계를 보는 시각보다 매우 강력한, 훨씬 더 강력한 것으로 입증된 시각이다. 다시 말해서 그것은 공학과 우주에 대한 합리적인 정보를 제공함에 있어서는 강력한 것으로 입증되었지만, 미래를 예언하거나 마법을 걸거나 어떤 종류의 정신적인 상상력을 자극함에 있어서는 그렇지 않았다. 이렇게 인간성에 대한 더 깊은 욕구를 어느 정도 만족시키는 데 실패한 것이 평판이 나쁜 마법적 시각이 과학적 시각과 나란히 살아남은 이유이며, 정신이 계승한 수천 가지 미신과 선정적인 점성학이 이를 증언한다. 아주 진지하게 마법적 시각과 과학적 시각을 둘 다 계속해서 유지하는 것이 뉴턴과 그의 동시대인들에게 있어서는 확실히 가능했지만, 오늘날의 어떤 물리학자가 이런 사고 방식을 드러내는 것을 보기란 줄잡아 말하더라도 드물 것이다. 그러나 마술적 시각을 종교적 시각으로 대체해 보라. 그러면 종교적 시각과 함께 과학적 시각을 갖고서 전자로는 종교적 진리를 다루고, 후자로는 과학적 진리를 다루는 과학자들은 많다. 그러므로 어느 날 예술과 인간성에 관한 진리가 양립 가능함이 발견되고, 그 진리가 주술로 알려진 저 마법 지파의 기초가 되는 기풍에 의해 해명될지도 모른다고 예견해도 지나치게 낙관적인 것은 아니다.

우리 각자는 인간이라는 동물로서 시각의 정신적 포트폴리오를 나르며, 각 시각은 이런저런 관심에 의해 동기가 부여된다. 우리는 일반적으로 물질 세계, 동료들의 행동, 예술, 그리고 신을 이해하는 일에 관심이 있다. 그리고 그 결과 과학적 · 윤리적 · 미학적, 그리고 종교적 시각이 존재한다. 우리의 목적은 재미있는 과학적 진리, 재미있는 윤리적 진리, 재미있는 미학적 진리, 그리고 재미있는 종교적 진리를 발견하는 것이다. 결국 아무런 첨자 없이 대문자 T로 시작하는 진리(Truth) 같은 것은 없다. 오직 과학 진리(truth$_{sci}$), 윤리 진리(truth$_{eth}$) 등이 있을 뿐이다(이것은 니체가 오래전에 말하고, 비트겐슈타인에 의해 본질적으로 되풀이된 것에 지나지 않는다). 그것은 진리의 복합적인 성격이 묵살되는 오늘날의 일반적인 과학 문헌 대부분에 대한 서글픈 반성이다. 그러나 확실히 신이 문제이다. 아무래도 우리의 이 우주는 약 10^{10}년 전에 존재하게 되었다는 거북한 생각이 있으며, 그것은 창조주 · 신 · 원동력의 필요를 암시한다. 우주론은 상당히 날카로운 안식으로 그 함축적인 도전을 받아들였다. 신, 곧 창조주는 스티븐 호킹에 의하면 단순히 시초를 고려하지 않음으로써 배제할 수 있다. 신 문제는 아주 제쳐 놓더라도 시초가 소개하는 시공에 있어서 굉장히 특이한 우주에 관한 어떠한 수학 이론도 지탱되지 않는다. 만약 어쨌든 양자 이론과 중력을 결합하고 이 특이한 문제를 피하는 수학적 구조가 발견되면, 그래서 우리가 어떤 의미에서 시작도 끝도 없는 세계를 갖게 되면 우리는 왜 우리와 우주가 존재하는지와 같은 질문을 시작할 수 있을지도 모른다. 호킹은 계속해서 "만약 우리가 그에 대한 답을 찾으면 우리는 신의 정신을 알게 될 것이다"고 한다. 이 '어떻게'로부터 '왜'로의 비약은 흄이 비웃은 '존재'로부터 '당위'로의 비약만큼이나 위험하다. 어쨌든 사람들은 '왜'를 묻기 전에 양자 우주론이 수학적인 문제들을 가려내기를 기다리지 않을 것이며, 그들이 가려내지도 않을 것이다.

과학은 궁극적으로 신을 필요로 하지 않게 할 것이다, 과학은 사람과 구별되지 않는 컴퓨터를 개발할 것이다, 과학은 우리가 생화학적인 기계일 뿐임을 증명할 것이다, 기타 등등으로 이야기되곤 했다. 이로부터 과학적인 진리만을 진리로 본다고 주장하는 과학만능주의라고 하는, 다른 그 어떤 종교만큼이나 독단적인 유해한 종교가 나타난다. 이 점에 있어서 그런 견해를 공표하는 사람들과 기괴한 반(反)실제론적 견해를 신봉하는 인문학 분야의 사람들 중에서 선택할 것이 거의 없다 할지라도 우리의 최고 지성들 중 일부의 저술 속에서 이런 종류의 것과 맞닥뜨리게 되는 일은 심히 당혹스럽다.

과학만능주의가 어디에서 유래하는지는 분명히 알 수가 있다. 종교적인 시각은 인간의 운명을 개선하기는커녕 전쟁과 박해, 끔찍한 잔학 행위를 일으키곤 했으며, 본격적으로 이 기록을 계속하려는 듯 보인다. 미학에서의 모든 연구는 언제나 "베토벤 같은 몇몇 사람과 그렇지 않은 몇몇 사람"으로 귀착되는 듯이 보이고, 윤리학에서의 모든 연구에서 우리는 아직도 변함없이 훌륭하게 또는 나쁘게 행동한다. 그러나 과학은 다르다. 그것은 인간성의 힘을 바꾸어 그 물리적·화학적·유전적 환경을 완전히, 또 돌이킬 수 없이 통제하게 되었다. 바로 그 대단히 중요한 의미에서 과학적 진리는 가장 강력하며, 그것이 우리가 이용할 수 있는 또는 걱정할 가치가 있는 유일한 진리라고 주장하는 것은 너무 지나친 추정이 아니다.

그러나 그런 주장을 하는 것은 적어도 세상의 모든 과학 활동은 과학자들은 정직하다는 데에 기초한다는 한 가지 중대한 사항을 망각한 것이다. 다시 말하면 실행되고 있듯이 과학적인 방법은 온갖 비과학적인 것들——직관·상상력·정확성에 대한 느낌, 그리고 형식——가운데에서도 특히 도덕성의 문제를 포함한다. 윤리적 진리가 등장한다. 직선을 아주 벗어나 있는 그 점을 묵살할 더할 나위 없이 좋은 과학적인 이유가 있을지도 모르나, 그것은 합리적으로 방어할 수 있고 개인적인 야심에서 유발되지 않은 것이 좋다. 과학에 있어서의 부정

수단은 질색이다. 그러나 우주를 순수하게 과학적으로 보는 감정적인 시각도 마찬가지이다. 과학적 진리가 아무리 강력하다 할지라도 과학자들 역시 포함하는 사람들이 윤리·미학·종교, 때로는 마법, 그리고 그밖에 다른 많은 관점에서 세계를 조사한다는 사실에는 변함이 없다.

그런 관점의 절충주의가 과학에 침투한다. 과학적인 시각에 대해 말하는 것은 아주 개략적으로 말하는 것이다. 비록 심리학자와 지질학자가 동일한 과학 윤리와 접근법을 공유함을 확신을 갖고 당연히 여길지라도 어느 누구도 심리학자의 관심 및 견해가 지질학자의 관심 및 견해와 일치하리라고 생각지 않는다. 잠깐 여담을 하자면 그들이 공유하는 또 다른 특징은 **어느쪽도** 오직 자기 분야로만, 예를 들어서 정신이나 판(板) 구조 지질학 같은 세계로 세계 전반을 본다고 주장하지는 **않는다**는 것이다. 물론 지질학은 인간 조건의 성격을 설명할 아무런 자격도 없는 반면, 심리학은 반응 시간 및 다른 측량 가능한 양 같은 것들의 양을 정하기 위해서라면 더할 나위 없이 정당한 자격을 갖는다는 데에서 그것들은 다르다. 반면에 인간의 본성은 분자로 된 자동 인형이라고 주장하는 미생물학자들이 있다. 화학 작용에 의해서 동물의 기능 중 약간을 기술하는 것은 더할 나위 없이 좋은 작업상의 시각을 채택하는 것이며, 만약 물리학자가 어떤 양자 행동을 덧붙임으로써 이 부분에 관계한다면 그것 역시 더할 나위 없이 좋은 작업상의 시각을 채택하는 것이다. 그러나 양자 이론의 추가 사항은 본래 터무니없는 추정을 결코 정당화하지 않는다. 당구공이 더욱 불명확하게 움직이더라도 거시적인 문제는 기본적으로 당구공 건과 같으며 당구공에 대한 서술은 당구공에 대한 서술로 남아 시각(視角) 언어에 의해 영원히 속박당한다. 진리는 같은 말을 중언부언하는 미생물학적 진리이기 때문에 인간이 분자로 된 자동 인형이라는 것은 참일 수밖에 없다. 그러나 **모든** 인간이 그렇다는 것은 아니다. 또 다른 진리——이번에는 물리학에서 나온——는 인간은 전자와 쿼크·글루온·광양자로 이루어져 있다는 것이다. 말하자면 정신에 대한 연구라는 맥락에서 보면 이것은 아마도 세상에서 가장 따분한 진리일 것이다.

물리학 자체 내에서의 상황은 더욱 미묘하다. 이것은 물리학과 같은 전문 주제 내의 서로 다른 견해 가능성에 대한 의문으로 우리를 데려간다. 그리고 그 대답은 물론 맞다, 그럴 수 있다이다. 과연 실제로 물리학에 대한 경험이 많을수록 서로 다른 견해의 수가 물리학자의 수와 같다고 생각하지 않게 되기가 더욱 어렵다. 만약 중요한 경계선이 있다면 그것은 실험주의자와 이론가 사이에 있다. 있는 그대로 말해서 실험주의자는 그의 장비에서부터 시작해서 측정할 것을 찾는 시각을 갖고, 이론가는 수학에서부터 시작해 누군가의 장비를 찾는 시각을 갖는다. 다행히 이 두 시각은 서로를 보완한다. 실험주의자가 더 편협한 시각을 갖는 듯이 보일 것이다. 요즈음에는 상당히 정교하므로 고가일 수밖에 없는 장비를 조립하고 작동시키며, 그는 당연히 그것을 최대한으로 이용하고 싶어할 것이지만 이것은 그가 수정 재배 기계를 가지면 수정을 생성하는 일과 떨어질 수 없게 되고, 분광기를 가지면 분광기를 사용하는 일과 떨어질 수 없게 된다는 것을 의미한다. 그러나 이론가들의 시각은 대체로 무한히 너그러운 만큼이나 편협할 수 있다. 몇몇 수학적 기술을 숙달한 후 이론가는 그것을 적용할 수 있는 문제들을 찾거나, 좀더 일반적으로는 강력한 컴퓨터의 출현으로 이어져 몬테카를로 프로그램(Monte Carlo program)을 개발함으로써 가능한 그것이 광범위하게 쓰일 길을 찾는다.

실제로 실험주의자와 이론가의 서로 다른 시각은 전문화의 필요에서 불가피하게 발생한다. 물리학 전반에 걸친 전문 지식을 주장할 수 있는 물리학자들은 오늘날 거의 없거나, 어쩌면 한 명도 없을 것이다. 서로 다른 개념상의 시각들이 존재하는 것은 이것들이 근본적인 쟁점들과 관계되는 까닭에 더욱 흥미롭다.

낯익은 물리적 과정이나 체계를 이해한다는 것은 무슨 뜻인가? 이해한다는 것은 원칙적으로 물리적인 과정이나 체계에 있어서의 양적 서술을 추론해 낼 수 있는 물리학의 기본 방정식을 그저 아는 것으로 이루어져 있는가? 아니면 어떤 물리학자라도 당연히 받아들이는 그런 종류의 이해, 진정한 흥미는 오직 그런 추론의 세목들을 따라가는 데에서만 나오는가? 만약 그렇다면 컴퓨터가 산출해 낸 해법이 분석적인 해법만큼이나 진정한 이해를 가능하게 하는가? 컴퓨터를 사용하는 물리학자의 시각에서 볼 때 진정한 이해는 적절한 방정식을 사용한 프로그램의 기록 속에서 구체화된다. 분석물리학자의 시각에서 볼 때 진정한 이해는 그 방정식에서 생겨나고 해답을 구성하는 양적 요소들을 이해하는 것에서 나온다. 여기에서 보통 숫자상의 정확성을 희생하면서 영향을 미치는 두 시각이 있다. 하나는 많은 구체적인 체계에 적용할 수 있는 프로그램을 이해하는 일에 한정하는 데 만족하는 것이고, 다른 하나는 그런 방식 모두에 대한 총괄적 이해에 이르는 데 만족하는 것이다. 또 다른 상호 보완적인 두 시각이 있으나 그것들은 효과적으로 결합될 수 있고, 또 흔히 결합된다.

그러나 이것은 문제가 너무나 복잡해서 숫자상의 계산만으로 분명히 처리될 수 있는 경우가 아니다. 더욱더 흥미로운 문제들일수록 이와 같다. 고체 상태의 다체 처리, 자기유체역학에서의 불안정성, 그리고 기상 설계를 예로 들 수 있다. 아마 가장 특기할 만한 것은 특별히 고안된 컴퓨터로 여러 해가 걸리는 강입자의 질량 계산일 것이다. 이런 경우 이해의 성격은 무엇인가? 일단 프로그램이 작성되고, 컴퓨터에 입력되어 기계가 성공적으로 멈춰서면 적용할 수 없기 때문에 그것은 점점 더 무관한 개념으로 보인다. 이 관점을 야기시키는 물리학에서의 시각은 물질계에 대한 심오한 이해를 추구하는 전통적인 시각과 아주 다르다. 상황이 아무리 복잡할지라도 후자는 싸우지 않고 포기해서는 안 되지만, 숫자로 나타낸 이런 시각을 갖는 사람들은 이 관점을 지독히 구식으로 낙인 찍을 것이다. 그러나 아무리 개략적일지라도 물질계에 대한 우리의 즉각적인 경험에 관한 '이해'는 필요하지 않을까? 이것이 조야한 근사한 본보기 또는 유추로 번역하려 시도하는 것을 의미한다 해도 "이게 수치로 나타낸 결과야——그대로 받아들이든지 말든지 해!"보다는 나을 것이다.

또한 수학적인 시각——관찰된 자료를 정밀하고 언제라도 사용할 수 있게 잘 정비한 상호 시종 일관한 요약과는 달리 수리물리학의 방정식들이 어떤 의미에서 기초가 되는 견해——도 있다. 이 가장 좋은 예는 양자 이론에서 소위 파동 함수의 붕괴를 둘러싸고 계속되는 논쟁에서 발견될 것이다. 슈뢰딩거의 방정식은 플라톤의 형식처럼 자연 속에 구현되는 것으로 받아들여지며, 그것 고유의 진실이 있다고 간주되는 그 해법은 그저 측정 속으로 사라질 수만은 없다. 단순히 기상천외하게 보일 뿐인 많은 해석——다세계 이론, 다정신 이론, 정밀한 또는 거친 역사, 그리고 몇몇 다른 것들——이 이 시각에서 나온다. 좀더 보수적인 시각들은 다른 설명을 만들어 낸다——슈뢰딩거의 방정식에 확률론적 요소 도입, 중력의 영향이 개입하거나 또는 단순히 양자 입자들이 특별한 양자장 속에서 고전적 경로를 따르는 견해, 또는 보어로 되돌아가서 슈뢰딩거 방정식은 단순히 양자 체계의 측정 결과를 예언하기 위한 도구일 뿐으로 그것과 마찬가지로 현실성이 없다는 견해. 물론 이들 시각이 주장하는 자연의 진리 중 그 어느것도 관찰과 (아직까지는) 모순되지 않는다. 점점 더 어떤 물리학은 미학 분야 내에서 판단되는 취향의 문제가 되어가고 있는 듯이 보인다.

미학에 관계된 이 결론은 우주 대폭발의 최초 몇 순간에 대한 추측을 함에 있어서 오늘날의 우주론과, 오늘날의 정부들이 투자에 동의한 것을 훨씬 넘어서는 에너지를 띤 소립자들을 기술하려는 긴밀히 제휴한 시도에 적합하다고 해도 무방하다. 실험실에서의 관찰에 기초한 이론으로부터 천문학과 그밖의 경험을 훨씬 능가하는 과정들까지 추론하는 일에 대한 관심은 원소의 상대적인 풍요, 별 생성 과정, 우주의 극초단파 자연 방사선 같은 관찰 가능한 것들에 대해 상당히 이해하게 해주었다. 그런 과감한 추론의 성공은 물리학이 우주의 명확한 기원과 종말론을 제공한다고 생각하는 이 우주적 시각의 주요한 특징을 자극하는 것이다. 좀더 정확히 말하면 우주는 유일무이한 것이고, 어떤 과학도 유일무이한 것을 다룰 수 없는 까닭에 우주의 통계적 총체의 명확한 기원과 종말을 산출해 내는 것이 목적이다. 이 시각은 진리에 대한 관심이 진리를 낳는 동아리에 엄격히 제한될지도 모르는 아주 관계가 적은 성질의 진리가 존재함을 벌써 암시한다.

몇 가지 강조할 것이 있다. 확실히 실제 실행되는 물리학은 흔히 생각되듯 완전히 통제된 것이 아니다. 물리학자들의 서로 다른 관심에 기초한 서로 다른 시각이 많고, 각 시각은 물질계를 보는 특정한 방식을 만들어 낸다. 서로 다른 시각을 갖고 있는 두 물리학자들간에 벌어진 물리학에 있어서의 몇 가지 문제에 관한 토론은 어처구니없이 어렵다. 한 사람에게 어떤 것은 직관적으로 분명하다. 다른 사람에게 어떤 것은 공식적으로 입증될 필요가 있다——등등으로. 나는 지금 한 사람의 물리학자로서 이야기하지만 다른 과학에서 이것을 인식하지 못하면 놀랄 것이다. 그럼에도 불구하고 이 주관적인 요소들은 물질계에 관한 진리를 객관적이고 공개적으로 발견하려는 모든 과학자들의 관심이 유발한 과학적 시각 안에 포함되게 된다. 결국 어떤 토론은 "좋아요, 이걸 시험하기 위해 월요일 오전 9시에 무슨 실험을 할까요?"나 그에 상당하는 것으로 귀착될 것이 틀림없다. 물리학은 결국 실험으로 증명하는 학과이다.

과학이 발견하는 진리들은 과학적인 진리이며, 사람들이 관심을 갖는 다른 여러 진리가 있다. 과학적 진리를 대문자 T로 시작하는 고유한 진리로 격상시키는 일이 과학만능주의이다. 과학만능주의는 회피하더라도 모든 과학적 진리를 성스러운 것으로 숭배하는 과학에 대한 이상주의적인 관점——흔히 우리가 어렸을 때 가졌던——은 있다. 고용주, 위원회, 자금조달 대리 기관 등을 설득하는 일을 필요로 하는 능동적인 연구 경험은 온갖 종류의 이론(異論)을 드러내며, 최악의 경우 어떤 과학적 진리들은 아무런 이익도 없거나 심지어 유해하다고 주장한다. 확실히 비과학적인 시각들이 여기에 작용하고 있다. 정치적 · 사회적 · 재정적 고려 사항들이 불가피하게 개입하고, 때로는 과학이 선택할 방향과는 전혀 다른 쪽으로 연구 목표를 돌리게 한다. 과학은 인간적인 것이 철저히 배제된 상태에서 실행되는 것이 아니다. 연구 실험실은 수도원이 아니다. 과학 외부의 가치들이 과학의 일상 관행에 개입한다.

양자 세계의 발견과 우주론을 가능하게 한 천문학에서의 관측 이후로 물리학은 자연에 대한 새로운 시각을 필요로 했다. 물리학의 주류는 전통적인 시각을 사용하여 점점 더 복잡한 물질 및 복사 체계에 대해 본질적으로 고전적인 연구를 한다. 여전히 매우 불가사의하지만 양자 세계는 충분한 시험을 거친 양자 역학의 규칙에 따라 성공적으로 조종되고 있다. 복잡한 과정의 이론들은 실험에 의해 통상적인 방법으로 제안되고 시험된다. 기본 물리학에서는 '파동 함수의 붕괴'와 양자 이론에서 중력의 역할에 의해 예증된 양자와 고전 세계간의 상호 작용 같은 문제들이 보통 무시될 수 있다. 베이컨의 귀납적 전통 안에서 인류의 유익을 위해 낙관적으로 응용한다는 것이 활동의 많은 부분에 직접적으로 동기를 부여한다. 통상적인 시각은 적절하다. 그러나 양자 영역, 우주의 기원, 정신, 컴퓨터의 감성, 불멸, 그리고 더할 나위 없이 매혹적인 성격의 다른 논제들에 관한 물리학자들의 사색에 접하게 되면 유용한 시각이 부족함을 느낀다. 제안된 것은 분명히 경험적으로 시험 가능하지 않지만, 어떤 물리적 원칙과도 모순되지 않는다. 그것들은 평소의 합리적인 방식으로 제안되고 토론된다. 그것들은 통상적인 과학적 관행을 초월하는 듯이 보이는 사물들의 본질에 관한 생각들이다.

물리학 전반에 분명히 새로운 시각이 존재한다. 그러나 그 성격은 분명히 문제가 된다. 예를 들어서 우주의 등방성 문제를 보라. 관찰에 의하면 우주의 극초단파 자연 방사선은 아주 작은 요동만으로도 대단히 등방성임(지구의 운행을 참작하더라도)을 보여 준다. 양자역학의 우주를 가정하면 훨씬 더 큰 요동을 기대할 것이다. 여기에 이론의 선택권이 있다——그것은 등방성이 우주 생성 때의 대폭발로부터 시작하는 우주의 기본 특징이라는 의미인가? 아니면 우주 생성 때의 대폭발이 이방성이었더라도 등방성을 발생시키는 어떤 물리적인 원칙이 있는가? 앞 이론은 자금 조달과 관계되기 때문에 적용까지는 아주 어려운 일이다. 나중 것은 제한이 없으며, 따라서 문제의 우리 시각에 더욱 매력적이다. 어떤 관점에서 매우 있을 법하지 않은 등방성으로 보이는 것을 조종하는 어떤 원칙이 있다는 이론은 새로운 것을 발견하는 일의 가능성을 여는 방향량 또는 방향을 갖는다고 이야기되어야 한다. 문제가 되는 것은 여전히 시각이다. 그것은 이 유일무이한 것인 우리의 우주가 다를 수 있음을 추정한다. 그런데 유일무이한 어떤 것이 다를 수가 있나? 거의 없지만 그 성격에 대한 우리의 이해는 확실히 다를 수 있다.

19세기말 전자의 발견과 20세기초 광양자의 발견은 물리학의 모든 점에 영향을 끼쳤다. 새로운 양자 이론은 원자의 구조를 성공적으로 기술했으며, 모든 형식의 물질에 대한 우리의 이해를 바꾸어 놓았다. 고체와 액체·기체·전리 기체에 대한 연구들은 모두 대변혁을 겪었다. 물리학에서 기초가 되는 것은 물리학 전체에 직접적으로 영향을 끼쳤다. 단 하나의 시각이 지배했다. 오늘날의 상황은 이렇지 않다. 일단 그 존재가 전자·양성자·중성자와 광양자 외의 소립자들로 확립되자 소립자 물리학의 새로운 논제는 그 고유의 특별한 선견지명을 향해 뻗어나가 고유의 특별한 시각을 발전시키기 시작했다. 그 새로운 발견물들은 물리학 전반에 영향을 미치기를 그쳤다. 그러나 그것들은 물리학의 본체에서 부지런히 발아하고 있는 또 다른 논제인 우주론과 점점 더 관련됨이 발견된다. 아인슈타인의 일반 상대성 이론에 기초하고, 풍부한 관측에 의한 천문학의 발견물에 힘입어 그것은 또한 하나의 시각과 때로는 물리학의 목적보다는 신학의 목적에 더 가까운 듯이 보이는 목적를 갖고서 자신만의 삶을 시작했다. 두 파생적 결과에서 구세주적인 열정이 분명해졌다. 전자의 의도는 만물 이론을 발견하는 데 있고, 후자의 의도는 우주가 다른 식이 될 수는 없는 이유를 설명하는 데 있다. 둘 다 물리학의 본류와는 달리 이 연구에서 어떤 물질적인 이익이 나오리라고 크게 기대하게 하지 않았다. 반대로 그 둘 모두(물리학의 본류와는 달리!) 세계에 대한 일관된 보편적 본보기의 형태로 일종의 정신적인 이익을 제공했으며 아직도 하고 있고, 또 이 점에 있어서 정신적인 이익과 좀더 잘 알려진 종교·예술의 조달자들과 경쟁한다. 그렇다고 할지라도 물리학의 주류와 우주론/소립자 물리학이 서로 점점 더 무관해짐은 더욱더 분명한 것 같다. 이런 식으로 아주 다른 시각을 갖고 있기 때문에 그것들은 서로 다른 이름——아마 물리학과 초물리학——을 가질 만하다. 학명에 있어서의 변화는 늦은 감이 있다. 지금은 아닐지도 모른다. 그러나 그렇게 될 것이다. 준비만이 최선이다.

4

과학과 마법

사람의 의식은 지구 전체를 [우리가 보듯이] 공개하고 드러내는 태양과 유사하다. 그러나 그 다음에 다시 그것은 별과 천체를 덮어 감추고 숨긴다. 그렇게 의식은 자연물은 드러내지만 신성한 것은 애매하게 하고 감금한다.

프랜시스 베이컨, 《학문의 진보》 중
〈플라톤학파의 하나〉에서 인용

그런데 과학은 마법을 얼마나 앞질렀을까? 믿건 안 믿건 과학자들은 인간이며, 흔히 과학적인 것과는 거리가 먼 열정에 의해서 동기를 부여받는다. 과학이 무모한 마법의 세계를 훨씬 앞질렀다 할지라도 과학자들 역시 같은 일을 해냈는지는 분명치 않다. 확실히 길버트와 뉴턴 같은 초기의 과학자들은 우리가 지금은 전혀 과학적이라고 인정하지 않을 확신을 갖고서 단호히 마법의 영역 안에 있었다. 우리는 오늘날의 과학자는 더욱 계몽되었다고 상상한다. 그러나 우주에 대해 일원론적 견해를 가진 그가? 인간인 그에게 제시된 세계는 사실의 세계와 가치의 세계로 돌이킬 수 없이 나누어지는 것으로 보인다. 그것은 물질로도 정신으로도 이루어져 있는 듯이, 일부는 죽었고 일부는 살아 있는 듯이 보인다. 그것은 대부분은 의식이 없는, 그리고 대부분 비인격적인 힘을 지지하는 요소들을 내포한다. 그것은 의식이 있는 존재와 인격적인 힘을 내포한다. 이 세계를 어떻게 이해할 수 있을까? 한 축은 과학으로, 그것은 의식이 없고 비인격적인 세계를 자신의 것으로 만들었으며, 그 힘의 기부(基部)로부터 전 우주에 대한 소유권을 주장한다. 다른 한 축은 종교로 그것의 의식적이고 인격적인 세계는 과학의 세계와 영원히 대립한다. 종교와 과학 사이에 우리 경험의 대부분이 속하는 인간 감각과 마법의 광대한 열정의 영역이 있다. 마법은 피타고라스의 천상의 음악처럼 감지되지 않는다. 우리의 감각이 아주 뛰어나지 않아서가 아니라 그것이 온통 우리를 둘러싸고 있어 그것을 당연한 것으로 여기기 때문이다.

과학과 마법은 한때 섞여 있었으며, 나는 마법을 미신, 터무니없는 생각, 때로는 그것을 둘러싸는 경향이 있는 해악의 기운으로부터 구조해 내 우리가 사는 세계를 우리가 이해하는 데에 기여할 기회를 주고 싶다. 나는 마르실리오 피치노·피코 델라 미란돌라·조르다노 브루노·윌리엄 길버트, 그리고 나중에는 아이작 뉴턴 같은 학자들과 당시에 새로이 만들어진 영국 학술원의 다른 많은 학자들, 그뿐 아니라 유럽 전역에서 많은 학자들을 매혹시켰던 마법의 기본 의미는 인간 영혼에 중요했으며, 아직도 중요하다고 믿는다. 이성을 지탱할 수 없는 높이로 올리고, 모든 마법을 미신적인 난센스로 간단히 처리하는 시각을 전수한 것은 소위 계몽 운동이었다. 나는 그 때문에 중요한 것을 잃어버렸다고 믿으며, 또 과학과 인문학을 잇는 가교로 쓰일 수 있을지도 모르는 마법에서 비롯된 재미있는 의미를 추출하려고 하는 것은 가치가 있다고 믿는다. 그것의 긍정적인 가치는 상상력의 자극이다. 음악과 시, 인간성의 도움 없이 예측 가능하고 기계적인 세계를 탐구하

는 과학은 어딘가 청교도적인 경향이 있다. 마법은 우리로 하여금 세계는 그렇지 않음을 깨닫게 한다.[1]

인간 역사의 대부분에 걸쳐 세계는 살아 있는 것으로 간주되었으며, 인간은 본성대로 마법과 기도·제물이라는 도구를 사용하여 세계를 구성하는 요소들을 통제하고 조종하려고 노력했다. 살아 있는 세계로서 아무래도 변덕스러웠지만 신성으로 빛나던 세계는 신앙 활동에 확실히 순종했다. 회유를 위한 제물에 의해 조종될 수 있는 신들이 사는 세계, 마법에 의한 영(靈)의 우주였다. 힘은 성직자와 마술사의 손아귀에 있는 듯이 보였다. 그러나 성직자는 결코 신이나 신들의 행동을 예언한다고 추정할 수 없었으며, 마술사는 비록 신들과 악마·자연을 강요하려고 하는 데 대해 불안한 마음은 없었을지라도 더 큰 확신을 줄 수는 없었다. 동물과 식물뿐만 아니라 바다와 하늘·바위까지도 살아 있는 살아 움직이는 세계는 다루기 거북할 수밖에 없었다. 확실한 힘의 영역을 획득하기 위해서는 세계는 죽을 수밖에 없었으며, 그 시체는 입수해 해부해야만 함이 점차 분명해졌다.

서양에서는 16세기 이후로 물질계를 아주 침묵시키고, 분할·분류했으며, 생물학의 세계가 뒤를 이었다. 신성한 것들을 더럽히고 감금하는 일은 충분히 성과를 거두었다. 과학의 위대한 승자(과학은 가장 광범위한 의미로, 즉 지식으로 이해되었다)는 프랜시스 베이컨이었다. 1605년에 출간된 《학문의 진보》에서 베이컨은 자신의 동시대인들에게 종교와 뒤섞인 과학을 경계할 것, 그들 오감의 증언을 이용할 것,

---

1) 르네상스 마법에 과한 문헌은 광범위하다. 이 장에서는 자료의 대부분을 예를 들어서 *Giordano Bruno and the Hermetic Tradition*(London: Routledge & Kegan Paul, 1964)과 *The Rosicrucian Enlightenment*(London: Routledge & Kegan Paul, 1972) 같은 Francces A. Yates의 책에서 가져온다. Richard Cavendish, *The History of Magic* (London: Arkana, Penguin, 1987)도 참조.

실험을 할 것, 그래서 인류의 이익을 위해 지식의 총량을 증대시킬 것을 촉구했다. 오늘날에는 1605년, 프랜시스 베이컨에 의해 촉구된 학문이 변하기 쉬운 소립자를 포함하고, 가장 멀리는 우주의 시공, 디옥시리보핵산(DNA) 내의 뉴클레오티드[2]의 연쇄, 그리고 심지어는 어떤 의미에서 과거 마르크스주의 국가의 배후 사상에까지 이른다. 세계의 활기를 제거함으로써 마술사들이 추구하던 자연에 대한 저 불가해한 힘을 힘들게, 그러나 꾸준히 손에 넣었다. 과학의 업적은 참으로 놀랍다. 필요한 시간과 노력, 자원을 쏟아부으면 자연 법칙과 일치하는 무엇이든 파악할 수 있다. 마음대로 할 수 있는 그런 확실한 힘을 가지고서도 살아 있는 자연에 관한 오랜 믿음에 무슨 가치가 있는지 이해하기란 쉽지 않다. 확실히 아무리 많이 기도를 해도 스팀 엔진을 생산할 수 없고, 아무리 주문을 외워도 실리콘 칩을 불러낼 수 없으며, 아무리 많은 신비주의로도 레이저를 일으킬 수 없다. 만약 신성한 세계의 소멸을 애통해한다면, 그것의 신성한 속성보다 그것이 조장하는 사회적 응집을 위해서일 것이다. 확실히 사물의 본성을 이루는 살아 있는 구성 요소에 대한 인식은 범주를 어지럽히고 인간으로 하여금 그가 사는 세계에 대한 이해를 흐리게 한다. 신에 대한 연구와 신의 말에 대한 연구는 의식적으로 구분되어야 하며, 베이컨은 지식을 향상시킬 사람들에게 훈계했다.

무분별하게 이들 학문을 함께 뒤섞거나 혼동하지 말 것.[3]

<hr>

베이컨 이전에 살던 많은 사람들은 그것을 자명한 진리로 알았다. 흥미로운 세상 활동을 원만히 해나가기 위해서 종교를 보류해 두는 일은 결코 새롭지 않다. 그에 대해 명확히 표현한 것은 원자론자들인 데모크리토스와 에피쿠로스, 그리고 소피스트 프로타고라스 때부터 있었으며, 과학자들이 발견한 대로 그것이 그렇게 오래되었다는 것은 명백하게 그것이 유용하다는 말이다. 전능한 신을 실험실에 들어서지 못하게 하는 일은 신의 장난을 막는다. 실무가였던 베이컨은 분류 정리하는 다분법, 즉 여러 조각으로 나누어 별개의 구획에 정리 보관하는 것으로 자연히 마음이 기울었지만 그에게는 오늘날까지 많은 선구자들과 추종자들이 있다. 어떤 사람들에게 물질계는 이제까지 죽어 있었으며, 그래서 더 나았다. 다른 사람들——틀림없이 대다수——에게 물질계는 그들의 야심을 방해하지 않는 한 그것이 바라는 대로 될 수 있을 것이다.

과학의 4세기가 지난 후, 살아 있는 유기체로서의 세계라는 생각의 진정한 묘미를 포착하기란 어쩌면 힘들겠지만, 이 생각은 모든 그리스 철학의 중심이었다. 플라톤도 아리스토텔레스도 별과 행성들을 동물로 보았으며, 신들도 새와 물고기, 육지의 짐승들과 나란히 하나의 범주로 존재한다고 보았다. 유물론으로 나아가는 경향이 있어서 영혼은 원자로 이루어져 있다고 했을지라도, 심지어는 레우키포스와 데모크리토스조차 영혼이 있음을 인정했다. 지구를 거대한 자동 제어의 유기체로 보는 오늘날의 사상인 가이아 가설은 이 고대 사상과 어렴풋하게 닮았다.

그러나 과학이 살아 있는 세계를 거부했을지라도, 외양은 달리 암시했더라도 마찬가지로 설득력 있는 그리스의 단일성 사상, 곧 물체들에 충만하고, 또 도처에 존재하는 어떤 것은 틀림없이 거부하지 않았을 것이다. 탈레스에게 그것은 물이었다. 아낙시만드로스에게는 신성한 것, 아낙시메네스에게는 공기, 아낙사고라스에게는 이성(지성)이었다. 그러나 오늘날의 과학과 가장 관련된 것은 피타고라스의 사상으로, 그는 세계를 수(數)로 보았는데, 그것은 플라톤이 자신의 형상 이론으로 발전시킨 사상이었다. 형태, 특히 수학적인 형태는 영원한 실체이며, 모든 형태는 세상에서 구현될 가치가 있으므로 무한히 많다——러브조이는 그것을 충만의 원칙이라 일컫는다.[4] 따라서 세계는 발견되기를 기다리는 수학적 형태들로 가득 찼다는 매혹적인 사상이 있다. 확실히 비(非)유클리드의 기하학은 19세기에 발견되기 전에도 어느 의미에서 존재했다. 세상의 다른 대상들과 나란히 당연히 존재하고 있는 플라톤의 형상 사상은 많은 수학자들에게 자극을 줄 수밖에 없다. 하여간 전 세계에 퍼져 있는 수학적 형태 사상은 플라톤 철학이든 아니든, 오늘날 우리 과학의 중심임이 확실하다. 이 피타고라스의 유산은 대단히 효과적이다. 그것은 완전한 세계의 총체를 수학적으로 기술하는 전 우주의 파동 함수라는 양자역학에서의 개념으로 이끌었다. 여기에서 양자 이론은 그리스 시대까지 거슬러 올라가는 전통의 일부가 되었다. 그것은 어떤 통합 원칙에 의해 우주의 오묘한 국면을 이해하려 시도하는 전통으로, 그것 자체가 오르페우스교[5]에서 유래하는 신비적인 요소에서 발생했는데, 오르페우스교란 눈에 보이지 않는 신의 단일성을 믿으며 가시의 세계를 거짓으로 봤다. 그러나 그리스의 이원성——물질과 동물로서의 세계인 물활론과, 관념과 동물로서의 세계

---

4) Arthur O. Lovejoy, *The Great Chain of Being*(Cambridge, Mass.: Harvard University Press, 1936).

5) 오르페우스가 신의 계시에 따라 창시했다고 전해지는 영혼 불멸·윤회·응보 등을 믿는 고대 그리스의 신비적인 종교. [역주]

인 관념론——을 이루는 그 어느 구성 요소도 온전히 잔존하지 않았
다. 틀림없이 스피노자는 그것을 인정하지 않았을 것이다. 그에게 세
계는 하나의 실체였다. 현대 과학에서 세계는 물질**과** 관념으로, 그것
은 본질적으로 스피노자식의 개념이다.

근본적으로 다른 그리스 사상의 요소는 헤라클리투스의 사상이며,
이것 역시 과학에서 현대적인 표현을 발견한다. 존재의 세계를 기술하
는 물활론적이고 관념론적인 이론들은 본질적으로 존재론적이다. 그
러나 헤라클리투스에게 세계는 생성의 세계였다. 세계의 실체는 연속
적인 변화였으며, 근본이 되는 물질은 불로, 불은 변하지 않고 사라지
지 않는 유일한 것이었다.

당신은 같은 물에 두 번 발을 담글 수 없다.

이는 헤라클리투스의 유명한 말이 되었다. 작용상의 의미에서 변하
는 것은 시간이지만 수리물리학의 미분 방정식에서는 이것이 시간에
주어진 의미가 아니다. 여기에서 시간은 공간처럼 기호에 무관심한 단
지 좌표일 뿐으로 모든 것이 전도될 수 있다. 그런 방정식은 존재의
세계를 기술하며, 그것은 파르메니데스의 승인을 얻을 수는 없었을 것이
이, 그는 존재보다 생성을 우위에 두는 것을 비판하며 오감은 사람을
현혹시키고 무의미한 소동의 이면에 불변의 실체가 있다고 주장했다.
그러나 어떤 불변의 실체도 없다. 물리학은 열역학 제2법칙을 매개로
이것을 인지한다. 과정들은 거의 언제나 전도될 수 없다——전도될 수
있는 체제는 아주 특별한 것이고, 실제로는 정하기가 쉽지 않다. 떨어
져 깨진 유리잔은 자발적으로 스스로를 재생시키지 않는다. 너무 지나
친 질서는 주변 환경 속으로 돌이킬 수 없이 사라져 버렸다. 유리잔은

돌이킬 수 없이 다른 무엇, 또는 보다 좋게는 무수히 많은 다른 무엇이 된다. 질서는 불가피하게 무질서에 양보할 수밖에 없다. 그럼에도 불구하고 무자비한 환경에서 일시적으로 질서가 만들어지는 경우들이 있다. 가장 중요한 예가 생명이다. 진화 이론은 뛰어난 생성 이론이다. 일반적으로 복잡한 체제가 비교적 간단한 형태의 출현을 가져올 수 있다. 시간은 우리의 직접 경험에 상응해 한 방향으로 흐르기도 하고, 베르그송이 강조했듯이 시간은 피타고라스에게는 실례지만 정수의 연속이 아니다. 지금-그때-지금-그때-지금이 아니라 오히려 계속 현재이다.[6] 프리고지네는 그것을 다음과 같이 표현한다.[7]

살아 있는 체제는 시간의 방향을 의식한다. 이 시간의 방향이 저 '원시 개념들' 중 하나이다——.

칸트식의 '원시 개념들'의 존재는 보어가 강조한 것이다. 그러나 고전 및 양자 수리물리학은 헤라클리투스 철학보다 파르메니데스 철학을 완강히 고수한다. 오직 역행할 수 없는 열역학 분야와 진화하는 우주 사상을 담은 우주론, 약한 상호 작용을 수반하는 다른 물질을 충돌시켜 핵물질을 만드는 일에서만 시간이 실제로 방향을 가짐을 물리학은 인정한다. 그렇지 않으면 때때로 붕괴되고 일관성을 상실해야 하는 양자 파동 함수의 경우를 제외하고는 수리물리학은 시간의 화살 없이 아주 행복하게 지낸다.

비록 근본적인 실체는 시간을 초월할지라도 현상 세계의 복잡한 조

---

6) Henri Bergson, *Mind Energy*(London: Macmillan, 1920).
7) Ilya Prigogine, *From Being to Becoming*(San Franciso: W. H. Freeman, 1980).

각과 부분들은 순환하는 존재를 가질 수 있다. 4원소——흙·공기·불·물——로 유명한 엠페도클레스는 무의미한 순환 속에서 공감을 통해 결합되고 반감에 의해 분열되는 것으로 이들 실체를 보았다. 행성들이 그 이전 위치로 되돌아오는 주기——플라톤의 위대한 역년으로 약 36000년——에 의해 암시된 우주 순환 사상은 변화 의식에 어느 정도 길들여지게 한다. 현대의 우주 주기——대폭발·팽창·수축·대수축·대폭발 등(우주의 부피가 너무 작지 않다면 가능)——는 약 1백억 년(10^{10})이라는 주기를 가질 것이다.

변화의 성격은 그리스인들을 괴롭혔으며, 여전히 우리를 괴롭힌다. 플라톤의 경우 변화는 부분적으로는 우연에 의해, 부분적으로는 필연에 의해 발생한 반면에 원자론자들의 경우에는 변화가 개입하지 않았다——모든 운동은 결정되어졌다. 후자의 것이 고전물리학의 견해——아인슈타인의 유명한 인용구에 의해 표현되는——이다.

신은 주사위놀이를 하지 않는다.

그러나 양자 현상의 등장은 우연이 세계의 기본 인자가 되는 것이 당연함을 암시한다. 확실히 고전물리학계의 거시적 차원에서 양자 사건은 예측할 수 없지만, 이 예측 불가능성이 기본이 되는지의 여부는 양자 이론의 해석에 달려 있다. 모든 운동이 완전히 결정되어 있을지라도 보어에 의해 개척된 소위 인과적 해석에 있어서의 예측 불가능성은 카오스 학설의 발전이 예측 불가능한 것과 같은 방식으로 관련 미립자의 운동이 시작되는 조건에 대한 우리의 무지에서 유래한다.[8]

---

8) D. J. Bohm, B. J. Hiley 공저, *The Undivided Universe*(London: Routledge, 1993).

우연과 필연에 관한 논쟁은 계속된다.

아리스토텔레스는 우연에 관한 또 다른 생각을 강조했다. 곧 그것은 의도적이라는 것이다. 세계는 더 높은 단계의 형태를 향해 계속적으로 진보했다. 완벽함을 향해 나아가려는 분투가 있었다. 우주적 위계질서가 있었다. 밑바닥에는 불완전해서 추한, 그리고 모든 지상의 물체들처럼 볼꼴 사납고 부패하기 쉬운 우주의 중심인 지구가 있었다. 지상의 물체들은 순수한 실체로, 직진하는 지구상에서의 운동과는 달리 완벽한 원을 그리며 움직이고 있었다. 꼭대기에는 완벽한 형태인 신, 즉 궁극적인 원인이 있었다. 존재의 세계는 신으로부터 지구까지 끊이지 않고 뻗어 있는 금으로 된 사슬로 각각의 고리는 더 높은 완벽을 향한 열망으로 고취되었다.

아리스토텔레스의 목적론적 세계는 운동과 방향이 있었다. 그것은 벡터의 세계라고 말할 수 있을지 모르지만, 이는 거의 희미해진 개념이다. 오늘날 우리의 세계는 대부분 스칼라[9]의 세계──운동은 많지만 방향은 전혀 없는──이다. 만약 방향이 있다면 그것은 순전히 기술적 진보의 질료적인 방향이다. 그러나 우주를 보는 아리스토텔레스의 시각은 수세기 동안 여러 세대의 사람들에게 영감을 주었다. 완벽한 천체는 원 운동을 하는 것으로 본 그의 생각은 프톨레마이오스가 행성의 운동을 양적으로 기술하는 데에 대단히 성공적으로 이용되었다. 그의 주전원[10] 천상도의 수리적인 복잡함은 코페르니쿠스와 케플러가 제공한 때늦은 지혜와 더불어 오늘날의 우리들에게는 불필요하게 복잡한 것으로 보일지도 모르며, 또 많은 사람들은 아리스토텔레

---

9) Scalar: 실수(實數)로 표시할 수 있는 수량. [역주]
10) 周轉圓: 그 중심이 다른 큰 원의 둘레 위를 회전하는 작은 원. 140년경 그리스의 프톨레마이오스가 제창한 행성의 운동 궤도. [역주]

스의 사상이 수세기 동안 과학을 방해했다고 생각했다. 그러나 그렇게 생각하는 것은 그 사상이 신플라톤 철학과 신비주의 철학을 매개로 놀랍게 발달하는 동안에 길버트·케플러, 심지어는 뉴턴 같은 초기 과학자들의 반신비주의적 열정의 원인이 되는 상상력에 미친 영향을 고려하지 않은 것이다.

3세기에 플로티노스에 의해 상술된 플라톤과 아리스토텔레스, 그리스도교 정신의 혼합주의인 신플라톤주의에는 감화와 감정 이입이라는 두 가지 새로운 사상이 있다. 아리스토텔레스학파의 위계에서 고위의 요체는 아래쪽으로의 발산이며, 따라서 온 세상은 신으로부터의 신성한 발산으로 가득 차 있다. 그런 사상은 어쩌면 극초단파의 우주적 배경에 어딘가 진부하게 유물론의 흔적만을 남긴 채 오늘날의 우리 문화에서는 자취를 감추었다. 이와는 반대로 우주의 감정 이입 사상은 아무튼 우리는 자연의 작용에 대한 통찰력과 예지를 갖고 있으며, 과학이 기술하는 것은 어떤 의미에서 정말 존재한다는 믿음 속에 아직도 잔존한다. 신플라톤학파 철학에서 그것은 세상의 각 존재는 그 자체 내에 모든 것을 담고 있고, 동시에 다른 모두에게서 모든 것을 봄으로써 어디에나 전부가 있다는 주장으로 표현된다. 소우주는 대우주를 담고 있다. 홀로그램처럼 각각의 작은 조각은 전체에 대한 정보를 담고 있다. 신플라톤학파의 정취는 5세기에 마크로비우스가 쓴 글의 일절에서 포착된다.

지고한 신으로부터 정신이 발생하고 정신으로부터 영혼이 발생하는 까닭에, 또 이번에는 이것이 모든 차후의 것들을 창조하고 그것들 모두에게 생명을 불어넣는 까닭에, 그리고 이 단 하나의 광휘가 모든 것을 비추고 마치 단 하나의 얼굴이 연속해서 놓인 여러 거울 속에 반사될 수 있듯이 각각 안에서 반사되는 까닭에, 또 모든 것들이 잇달아 연속적으로 일어나며 그 연속의 바로 밑바닥까지 차례차례 퇴보하는 까닭에, 주의 깊은 관찰자는 지고한 신으로부터 마지막 지스러기에 이르는 중단 없이 서로 연결된 부분들의 관계를 발견할 것이다. 그리고 이것이 호메로스가 말하기를 신이 천국에서 지상까지 늘어뜨리도록 명했다고 하는 황금 사슬이다.

요컨대 신은 12세기의 한 서적에서 적절히 정의되듯이

sphaera infinita cuius centrum est ubique, circumferentia nusquam
중심이 도처에 있고, 그 경계가 없는 무한한 시부

으로, 15세기 쿠사의 니콜라스의 말에 의하면 위계적인 단계를 거칠 필요없이——대단히 신교적인 사고——즉시 도달 가능했다. 그리고 이것이 사람을 신처럼 만들지 않았을까? 최소한 인간은 자기 자신 안에 세상을 이해하고 아는 힘을 갖고 있었다.

이 철학적 학설의 저변에, 그리고 이 학설을 관통해 헬레니즘적 마법과 연금술·점성술의 조류가 흐른다. 이집트의 신 트로드에게서 유래하는 것으로 간주되는 저술들과 뒤섞여, 라틴어로 번역되어 헤르메스 트리스마지스투스에게로 전해진 이 모든 것이 아주 취하게 하는 양조 음료를 만들었다. 헤르메스 트리스마지스투스의 것으로 추정되는 모든 저서들은 결국 서력 기원 초기에 집필되었으며, 신플라톤주의의 영향을 나타내는 것으로 입증되었으나, 15세기에 그것들이 알려질 때 지적인 자극은 강렬했다——의외랄 것도 없이 피렌체의 철학자 피치노가 번역한 헤르메스 전집에서 나타나듯이 정신에 대한 구절들에서 불을 생각했다.

당신이 무슨 힘, 무슨 신속함을 소유하고 있는가 보라. 그것은 당신이 틀림없이 신을 떠올리게 하기 위해서이다. 그는 자기 안에 존재하는 모든 것, 세계, 그 자신, 모든 것을 마치 생각처럼 담고 있다. 그러므로 당신이 신과 동등하게 되지 않으면 당신은 신을 이해할 수가 없다. 비슷한 것은 비슷한 것이 아니면 이해할 수 없기 때문이다. 육신의 속박을 벗어남으로써 측정할 수 없도록 거대하게 네 자신이 성장하라. 언제나, 영원하도록 너 스스로를 들어올려라. 그러면 당신은 신을 이해할 것이다. 당신에게 불가능한 것은 없다고 믿으라. 스스로 불멸하고 모든 것, 모든 예술, 모든 과학, 모든 살아 있는 존재의 본질을 이해할 수 있다고 믿으라. 가장 높은 높이보다 더 높이 오르라. 가장 낮은 깊이까지 내려가라. 당신이 땅·바다·하늘 어디에나 있다고, 당신은 아직 태어나지 않아 청춘기·노년·죽음, 죽음 너머 어머니의 자궁 속에 있다고 상상하면서 불과 물, 건조하고 축축한 삼라만상이 만들어 내는 모든 감각을 당신에게로 끌어당겨라. 만약 당신이 생각 속에서 시간·장소·실체·질·양, 모든 것을 한꺼번에 포용한다면 당신은 신을 이해할 수 있을지도 모른다.

최근의 과학적 저술이 암시하는 바에 의하면 그 불은 아직도 밝게 타고 있다.

이 신플라톤 철학의 도취는 상응의 학설에 의해 더욱 자극받는데, 그것이 연금술적인 마법의 많은 부분을 위한 이론을 규정한다. 동일 수준에서의 모든 물체와 모든 행동은 더 높은 수준의 물체 및 행동과 상응한다. 즉 금은 태양, 수은은 수성, 은은 달 등과 마법적으로 상응한다. 색깔 역시 그 상응물을 갖는다. 주황색과 황금색은 태양, 쪽빛과 남색은 수성, 고동색과 검정은 토성 등등. 상응은 부적·음악·숫자· 주문에도 존재했다. 마치 그것이 우주의 정신적 파동 함수인 양 발산 행동의 존재를 가정하고, 또 상응의 영향력이 존재함을 주장하는 지 구상의 활동 영역, 이 세상의 신들과 하느님, 그리고 그의 천사들의 고 귀한 정신적 영역을 포용하는 방대하고 복잡한 이론적인 구조가 마법 사에게 더 높은 영적 영향력이 있는 것을 청하고, 천사나 악마들을 불 러내고, 삼라만상의 특성을 이해하는 힘을 주었다.

연금술의 열정은 16세기말에서 17세기초 무렵에 그 최고조에 달했 다. 문학은 크리스토퍼 말로의 연극 중 파우스터스 박사와 《템페스트》 의 프로스페로 같은 마법사 등장 인물들을 불후의 인물로 만들었다. 연금술 철학의 종교는 결코 정통파적인 것이 아니며, 로마가톨릭은 무 한한 세계의 존재를 주장한 자칭 마법사 조르다노 브루노를 1600년 화형에 처함으로써 본보기로 징계했다. 오늘날에는 다세계 이론과 많 은 우주로 이루어진 전체적 조화를 수반하는 이론들을 옹호하는 사람 들에 대해 어느 정도 관대하다.

그러나 확실히 당시에는 자신의 연금술을 숨길 만하였으며, 그로 인 한 신중함에서 세상에 알려지지 않은 단체로, 끝없는 불가해한 지식 을 구하는 최고의 장미십자회라는 우애 단체가 성장했다. 그의 우주 가 신비철학의 정교한 정점을 대표하는 로버트 플러드는 장미십자회 주의를 옹호하는 글을 썼으며, 다른 저술들을 그 회에 헌정했지만 신 중을 기해 회원임을 주장하는 않았다. 프랜시스 베이컨은 회원이었을 수도 있고 아니었을 수도 있지만, 《뉴 아틀란티스》에서 유토피아적 연

---

11) Francis Bacon, *The New Atlantis*(1627).

구 시설에 대한 그의 서술은 분명히 시사하는 바가 있다.[11] 베이컨은 전 세계로부터의 지식 습득에 전념하는 12명의 빛의 상인들(광범위한 여행을 허가받은 교수들?), 모든 서적 속의 시도들에 대한 설명을 수집하는 3명의 약탈자(잡지 편집자?), 모든 수공예 및 일반 교양적 시도들을 수집하는 3명의 정체를 알 수 없는 사람(사서?), 새로운 시도를 하는 3명의 선구자(박사 과정 수료 후의 연구자?), 이 모든 것을 제목과 표로 분류하는 3명의 편집자(교과서 집필자), 그들의 동료들의 시도에서부터 유용한 정보를 추출해 내는 3명의 후원자(이론가?), 새로운 시도를 지휘하는 3명의 등불(주임 연구원?), 이 시험을 실제로 수행한 3명의 고취자(연구 조교), 그리고 모든 발견물들을 공리와 경구로 끌어올리는 3명의 자연 통역(수리물리학자?)으로 된 36명의 작업조를 상상했다. 그 목적과 정책은 분명히 진술되었다.

우리 재단의 목적은 사물의 원인과 신비스러운 움직임에 관한 지식이다. 그리고 인간 제국의 한계를 삼라만상에 영향을 미치는 데까지 확대하는 것이다.

또한 우리는 이 일도 한다. 우리는 우리가 발견한 발명품들과 경험 중에서 무엇을 발표하고 무엇을 안할지에 대해 의논한다. 그리고 우리가 비밀로 해두는 것이 적당하다고 생각하는 것들을 비밀에 부치는 일에 대한 비밀 엄수 서약을 한다. 그러나 우리가 하는 것 중 어떤 것은 때로는 국가에 알리고, 어떤 것은 알리지 않는다.

자금 조달에 대해서는 어떠한 언급도 없다! 그러나 베이컨이 36명이 필요하다고 한 것을 오늘날에는 일반적으로 1명의 주임 연구원과 아마도 1명의 박사 과정 수료 후의 연구원, 그리고 대학원생 2명이 처리해야 함을 보니 재미있다. 또 다른 상이점은 대단히 슬프게도 **모든 것**이 공표된다는 것이다.

냉정하고 합법적이며 정치적으로 의식이 있으나 결코 수학의 가치를 증진시키지 않을 정도로 대단히 비(非)피타고라스적인 베이컨은 그럼에도 불구하고 세계는 알 수 있으며, 인류의 이익을 위해 조종될 수 있을 것이라는 아마도 신비주의의 한 요소일 열정적인 신념으로 고취된다. 그는 레오나르도 다빈치 이전으로부터 격렬히 밀려드는 신비주의의 조류와 나란히 흐르는 더 냉정한 흐름의 하류 부분을 맡는다. 콜체스터의 윌리엄 길버트는 지구의 자력에 대해 처음으로 발견한 것을 자신의 책 《자석에 관하여》[12]에서 공표했다.

우리는 우주 전체가 살아 있는 듯하다고, 또 모든 천체와 별들, 고귀한 지구는 처음부터 고유의 정해진 영혼의 지배를 받아 왔으며 자기 보존의 동기를 갖고 있다고 생각한다.

베이컨이 그를 비난했다.

그래서 연금술사들은 용광로에서의 몇 가지 실험으로 철학을 만들어 냈으며, 또 우리의 동포 길베르투스는 천연 자석을 관찰하는 것에서 철학을 만들어 냈다.

베이컨 같은, 그리고 좀더 뒤에는 갈릴레이 같은 냉정한 부류는 당

---

12) **William Gilbert**, *De Magnete*(1600).

대의 연금술적 신비주의의 열기에 성공적으로 반격을 가하고는 경험
과학을 창시했다. 술책의 비방(秘方), 비밀한 지식, 프리메이슨회와 장
미십자회 같은 비밀스러운 단체의 전수는 더 이상 허용할 수 없었다.
그럼에도 불구하고 이들 기관, 특히 장미십자회는 결코 그런 전례가
없었지만 대단한 지식과 지혜를 가진 남자들로 구성되어 최근 생겨난
과학적 상상력을 자극했다. 그 결과 이탈리아와 프랑스·영국에는 과
학 학교가 설립되었다.

그 가장 초기의 것 중 하나가 1560년에 설립된 나폴리 아카데미아
세크레토룸 나추래였다. 갈릴레이는 로마 아카데미아 데이 린케이 소
속이었으며, 메디치가는 1651년 피렌체에 아카데미아 델 치멘토를 설
립했다. 영국에서는 1645년에 런던에 세워진 그레섬대학에 맞서 철학
대학, 또는 의미심장하게 비공개 대학이라는 이름으로 1662년 찰스 2
세에 의해 영국 학술원이 설립되었다. 프랑스의 아카데미 데 시앙스
가 1666년에, 1681년에는 러시아에 그에 상당하는 것이, 그리고 1687
년에는 빈에 나투르 쿠리오소룸이 뒤를 이었다. 분명 열정이 서유럽을
엄습했으며, 그것은 세상에 대변혁을 일으킬 열정이었다. 또한 그것
은 사람이 우주를 알 수 있을 것이라는 마법적 신비주의의 믿음에 그
근원을 두었다. 합리와 응용수학에 의해 조절되었기 때문에 그것은 현
재까지 유지될 수 있던 믿음이었다. 그것은 결국 점성학에서 천문학으
로, 연금술에서 화학으로, 마법에서 빈틈없는 공학으로 전환되었다.

그러나 모든 마법이 그런 것은 아니다. 한편으로는 사람과 다른 한
편으로는 그림·음악·시·연극 등간의 상응은 현세적일지는 모르지
만 존재한다. 예술을 만드는 물질적인 대상이나 소리의 배열은 확실
히 마음에 어떤 종류의 영향을 미친다. 그것들은 마법적인 힘과 본질
적으로 다른가? 물론 그렇지 않다. 그리고 과학이 연금술적인 믿음이

나 그 열정으로부터 완전히 해방되었다고 주장할 수 있나? 물론 아니다. 영속적인 충동이, 또 만물 이론에 대한 추구와 우주의 시작과 끝에 대해 설명하려는 관련된 시도가 과학의 설명적인 힘 밑에서 종교와 도덕 · 미학을 표현하게 하는 것 아닌가?

5

마법의 만물 이론

만약 마법사·연금술사·점성가와 마녀들의 약조와 진위가 모호한 주장이 우선 갈증과 허기, **감추어지고 금지된** 힘에 대한 기호를 일으켜 그 길을 미리 닦아 놓지 않았더라면 진정 과학이 발생하고 성장했을 것 같은가?

니체, 《즐거운 지식》

오늘날 물리학자들은 만물 이론을 찾는다. 그 말이 의미하는 것은 소립자들 사이에 일어나는 온갖 상호 작용들을 설명할 이론에 대한 실제로는 그리 대단치 않은 탐색이다. 왜 쿼크와 경입자를 나누는 문제가 있는지, 왜 어떤 사람들은 페르미-디랙 통계에 따르고 어떤 사람들은 보스-아인슈타인 통계를 따르는지, 왜 반물질(反物質)보다 더, 그것도 훨씬 더 물질로 보이는지 설명해야 한다. 그것은 자연의 가장 근본적인 요소들에 대한 천착이며, 우주의 창조와 관계되는 일이다. 그것은 원대한, 어쩌면 과학에서 있었던 가장 원대한 도전이다. 명칭에 동조할지도 모르겠으나 물론 그것이 발견될 때 그 이론은 틀림없이 만물이론이 아닐 것이다——자연은 그러기에는 너무나 거대하다. 그것은 물질에 대한 최선의 이론이 될 것이다. 그 이상도 그 이하도 아니다.

　지금 우리가 갖고 있는 이론은 표준 모형으로, 우리에게 물질의 세목들에 관한 모든 것을 말해 준다. 우리의 신체는 지상의, 불완전하기 쉬운 물질이다. 우리는 분자이고, 분자는 원자로 되어 있으며, 원자는 양성자와 중성자로 된 원자핵 주위를 구름처럼 둘러싸는 전자로 되어 있다. (그것이 무엇이든) 전기를 띤 전하의 단위를 운반하는 전자의 수는 양성자의 수와 같고, 그 각각은 (그것이 무엇이든) 양성 전하를 운반하여 모든 원자는 전기적으로 중성이며, 중성자는 거저 얹혀 있는 것이 아니라 양성자들의 상호 척력(斥力)에 의해 원자핵이 뿔뿔이 떨어져 나가는 것을 막기 위해 거기에 있다. 전자는 가벼운 입자로, 렙톤[경입자]으로 불리는 가벼운 입자 무리 중 하나이다. 그것은 아무런 내부 구조도 갖고 있지 않은 것으로 보이나, 각(角)운동량의 2분의 1단위의 스핀을 갖는다. 반대로 양성자들과 중성자들은 무겁다——무거운 무리는 바리온[중입자]이라고 한다. 각각은 전자처럼 역시 각운동량의 2분의 1단위의 스핀을 갖는다. 반정수 입자들은 두 입자가 정반대의 스핀을 가질 때에만 동일한 역학적 상태를 점유하게 하는 통계——페르미-디랙 통계에 그 개체수가 따르기 때문에 페르미 입자로 알려져 있다. 원자핵에 충격을 주는 것은 중간자라고 하는 또 다른 입자군의 존재를 드러낸다. 한때 중간자는 양성자와 중성자를 함께 묶는 접착제로 생각되었지만 실상은 더욱 복잡해 보인다. 중간자는 정수 스핀을 가지며, 되도록 많은 입자들이 같은 상태를 점유하게 하는, 사실대로 말하면 권장하는 종류의 통계——보스-아인슈타인 통계대로 움직인다. 그런 입자들은 보손, 곧 빛의 양자인 광양자라는 낯익은 구성원으로 불린다. 양자와 중성자처럼 중간자(한데 뭉뚱그려 하드론[강입자]으로 알려진)는——그러나 전자와는 달리——크다. 그것은 지름이 약 10^{-13}센티미터이고, 구조를 나타낸다. 그것은 그 양자가 글루온인 장(場)

에 의해 결합되는 쿼크로 되어 있다. 쿼크는 반정수 스핀을 가지며, 따라서 페르미 입자이다. 글루온은 정수 스핀을 가지고, 따라서 보손이다. 쿼크로부터 하드론을 최대한 만들기 위해서는 그것들이 몇몇 고유한 특성을 가져야 한다. 우선 그것들은 3분의 1이나 2분의 1의 단위 전하를 가져야 한다. 양성자를 형성하는 데는 두 개의 쿼크, 각각 +2/3 전하를 갖고 있는 '위' 쿼크라고 하는 것과 -1/3 전하의 '아래' 쿼크 한 개가 들어간다. 정량 스핀은 1/2이고 정량 부하는 +1이므로 그래야 한다. 따라서 양성자는 (uud) 입자이고, 중성자는 (udd) 입자이다. 목록에 -2/3 전하를 갖는 반대 쿼크와 음전기를 띠고 대전한 π-중간자처럼 중간자는 구조($\bar{u}d$)를 가질 수 있다. 여기에서 가로줄은 반대 입자를 의미한다. 그것은 거기에서 끝나지 않는다. 고에너지 입자 가속기에서 관찰되는 모든 입자들을 연구하기 위해서는 쿼크가 소위 플레이버[1]를 하나 이상 간섭해야 할 필요가 있다. 위 쿼크와 아래 쿼크는 물론이고 '매력'(c) '생소'(s) '진실'(t) '미'(b)(또는 좀더 산문적으로 '꼭대기' '바닥') 플레이버가 있어야 한다. 맵시가 반대 맵시에 의해 무효화되는 ($c\bar{c}$)로 이루어진 중간자들은 숨겨진 맵시를 갖는 입자로, 또는 ($b\bar{b}$)를 가진 입자들은 숨겨진 미를 갖는 것으로 간주될 수 있다는 결론이 된다. ($b\bar{u}$) 같은 중간자들에서처럼 무효화가 일어나지 않는 곳에서 우리는 나체의 미를 가진 (또는 바닥이 드러난) 입자라는 말을 할 수 있을 것이다. 이 모든 것으로는 충분치 않은 듯 쿼크들은 빨강이나 파랑·초록으로 '채색'되어야 한다. 이 은유의 화려한 모임은 양자 색깔 역학으로 알려진 물리학의 비의적인 분과에서 다루어진다.

그것은 얼마간 알수록 즐거운 물질에 대한 설명이다. 만물 이론은 우

---

1) 쿼크와 렙톤 각각의 유형과 종류의 식별 근원이 되는 성질. 〔역주〕

리에게 왜 세계가 페르미 입자와 보손으로 나누어지는지, 또 왜 각 입자 집단이 현재와 같은지 말해 줄 것이다. 그것은 중력이 양자 그림 속에 들어가게 할 것이며, 시공(時空)을 양자화할 방법을 이해하게 할 것이다. 물질 이야기가 완전해지려면 우리는 한참 더 가야 한다.

4백 년 전 대단히 광범위한 만물 이론이 있었음에도 불구하고 지금은 완전히 폐기되었다. 그것은 플라톤과 아리스토텔레스 철학, 그리고 연금술적이고 밀교적인 철학의 마법 전통에서 발생했다. 그것은 초자연적인 존재와 불가사의한 힘을 포함한 난해한 우주론에 의해 인간 정신에 관련된 모든 것을 설명했다. 그것은 한 축은 종교적 명상에, 다른 한 축은 마법적 기술에 걸쳐 있었다. 그것은 신과 인간을 이었다. 그러나 물질의 근본적인 구조에 대해서는 새로이 할 말이 없었다. 그 직교하는 주제는 과학에게 넘기는 것이 최선이었다.

세계를 이해하는 방법에 대한 기본적인 질문은 과학에 훨씬 앞서며, 여전히 절박하다. 무슨 힘들이 존재하고, 그 성격은 어떠한가? 생물이든 무생물이든 물질에 작용하는 인간 외적인 역학적인 힘, 과학의 밀고 당기기는 분명히 있다. 그러나 또한 정신을 이루며 정신에 영향을 미치는 힘들도 있으며, 이것들은 비할 바 없이 개인적인 것일 수 있다. 우리는 그 힘들이 갖고 있는 네 가지 특성을 알아볼 수 있을지도 모른다. 그것들은 의식적이거나 무의식적인 존재물들에서 유래할 수 있으며, 개인적인 반응을 불러일으킬 수 있고 일반적인 법칙을 따를 수 있다. 마법의 만물 이론에서 의식적인 힘과 개인적인 반응은 종교와 인간 행동에 포함되었으며, 일반적인 법칙을 지키는 의식적인 힘은 악마적 마법으로 나타났고, 무의식적인 힘과 개인적인 반응은 자연적이거나 초자연적인 마법을 불어넣었으며, 일반적인 법칙을 따르는 무의식적인 힘은 결국 우리가 지금 과학으로 알고 있는 것에서 범위를 규

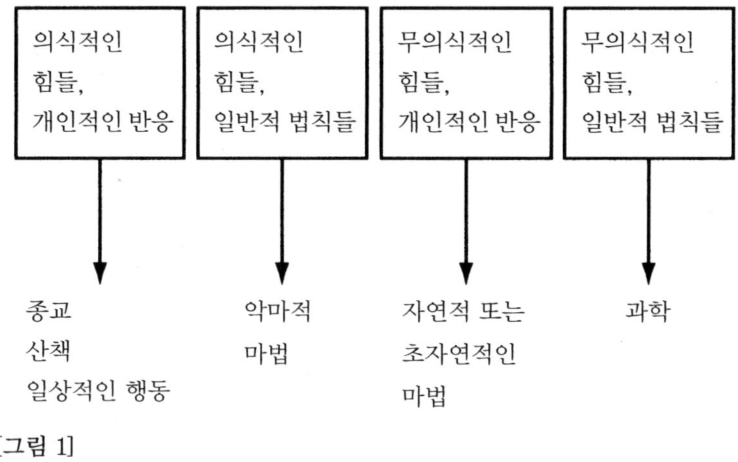

[그림 1]

정하는 요소들이 되었다.(그림 1 참조)

우리가 갖고 있는 가장 강한 흥미를 돋우는 믿음은 우리 자신의 의식과 독특함에 대한 것이다. 우리의 행동은 분명한 개인적 영향력을 의식하는 힘에 대한 자명한 증거이다. 우리는 그들의 행동 역시 의식적이고 개인적인 상호 작용을 나타내는 동료 인간들에 둘러싸여 있다. 신이 존재한다는 믿음은 의식하고 있는 선한 힘의 존재를 암시하며 악마에 대한 믿음은 의식하고 있는 악한 힘의 존재를 암시하는데, 둘 다 개인적으로 한 사람에게 영향을 미칠 수 있다. 그런 까닭에 이 힘들이 자연스럽고 세속적이며 인간 사회에 제한된다고 믿든 안 믿든, 또는 우주적인 규모로 이 힘을 통제하는 초자연적인 존재를 믿든 안 믿든 우리 우주에 그런 힘들이 존재함에는 의심의 여지가 없다.

만약 인간을 초월하는 의식의 존재를 추정하면——아마도 충만의 원칙을 불러일으킴으로써——모든 종류의 유령과 악마, 그리고 궁극적으로는 신이 출현한다. 문제는 이 의식이 법칙보다 우위에 있는가 하는 것이다. 만약 그것들이 뚜렷한 규칙 없이 변덕스럽게 행동한다면 그것들을 다루는 유일한 방법은 달래는 것이다. 그러나 만약 최소한 약간은 법칙에 따른다면 악마적 마법의 가능성, 영혼을 불러내 명령할 가능성은 존재한다. 그렇게 하려면 악마가 복종하지 않을 수 없는 일반 법칙들을 이해할 필요가 있다. 이것들이 악마적인 마법과 실로 주술과 사술(邪術)의 이론적 기초가 되는 일반 법칙들을 지키는 의식적인 힘이다. 그러나 우리가 미신적인 주문 때문에 그것들의 존재를 의심할 필요는 없다.

그렇다면 개인적으로 우리에게 영향을 주는 무의식적인 힘들이 있다. 소량의 음주——혹은 마취나 머리에 가해지는 일격, 또는 마약의 좀더 강력한 효과——가 의식에 끼치는 유익한 효과를 생각하라. 그것들은 정신에 분명히 영향을 끼칠 수 있는 모든 일반적인 힘들이다. 더욱 미묘하고 정의하기 쉽지 않은 것이 우리의 감정 · 정서, 요컨대 우리 영혼에 영향을 주는 무의식적 힘들, 곧 무생물로부터 생겨나는 힘들이다. 이것은 단순한 동물적 · 생물학적 · 물질적 존재를 초월하는 존재의 질서를 생각나게 하는 자연적이거나 초자연적인 마법의 분야이며, 오늘날에도 아주 건재하다. 그것은 부적 · 말 · 음악 · 술책의 힘과 관계가 있다.(그림 2 참조) 하나를 다른 하나와 이어주는 것은 바로 오묘한 초자연적 교감과 반감의 연결에 바친 힘이다. 마법적인 만물 이론은 우주는 우주적이며 인간적인, 살아 있고 죽은 정신으로 충만하다는, 삼라만상들간에는 숨겨진 관계가 존재한다는, 그리고 무의미한 것이란 없다는 기본 교의를 갖는다. 이것이 점성술과 연금술을 의미 있게 만드는 것이다. 이런 관계를 이해하는 일이 완전한 정신적인 삶에 이르게 한다고 주장되었다.

일반적인 법칙을 지키는 무의식적인 힘들은 과학의 영역이다. 개인

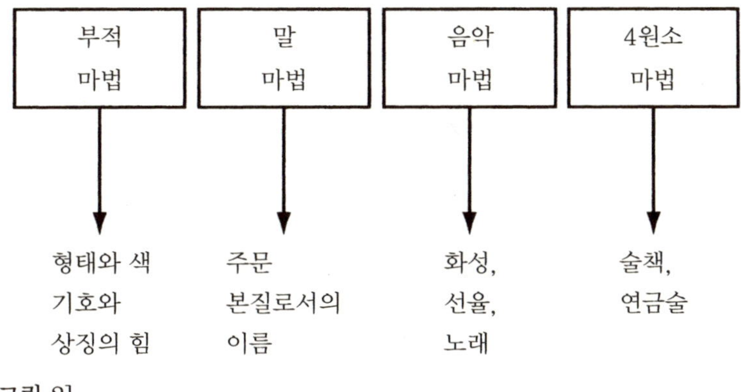

[그림 2]

적인 반응을 이끌어 내는 의식적인 힘들은 종교의 영역이다. 일반적으로 이해되듯 마법이라는 개념은 보다 덜 안전하다. 신이 존재한다는 믿음은 선악의 힘이 우주에 존재함을 암시한다. 흔히 이런 힘들은 사람의 독특한 의식적 자아와 의미심장하게 상호 작용하는 초자연적 존재들——천사·성인·악령·사탄——속에 스스로를 드러내는 것으로 보인다. 이것은 종교적 영역이다. 그러나 만약 종교가 기적을 허용한다면 종교라도 마법적인 풍미를 지니며, 만약 개별적인 영의 존재를 허용한다면 위험하게 악마적 마법에 가까이 접근한다. 강신술은 악마적인 마법의 한 형태임이 분명하다. 비록 악마가 단지 죽은 사랑하는 사람들일지라도. 물론 과학은 그런 초자연적인 실체와 아무런 관계도 없다. 따라서 악마적 마법 그 자체는 이성적으로 구별된다. 그것은 종교와는 초자연적이고 의식적인 존재에 대한 믿음을 공유하며, 과학과는 자연 법칙의 존재에 대한 믿음을 공유한다. 그러나 초자연적인 존재들을 믿음으로써 그것은 과학에서 철저히 멀어지며, 이런 존재들을 통제하기 위해 기도와 화해와는 다른 법칙의 실행을 강조할 때 종교로부터 결정적으로 멀어진다.(그림 3 참조)

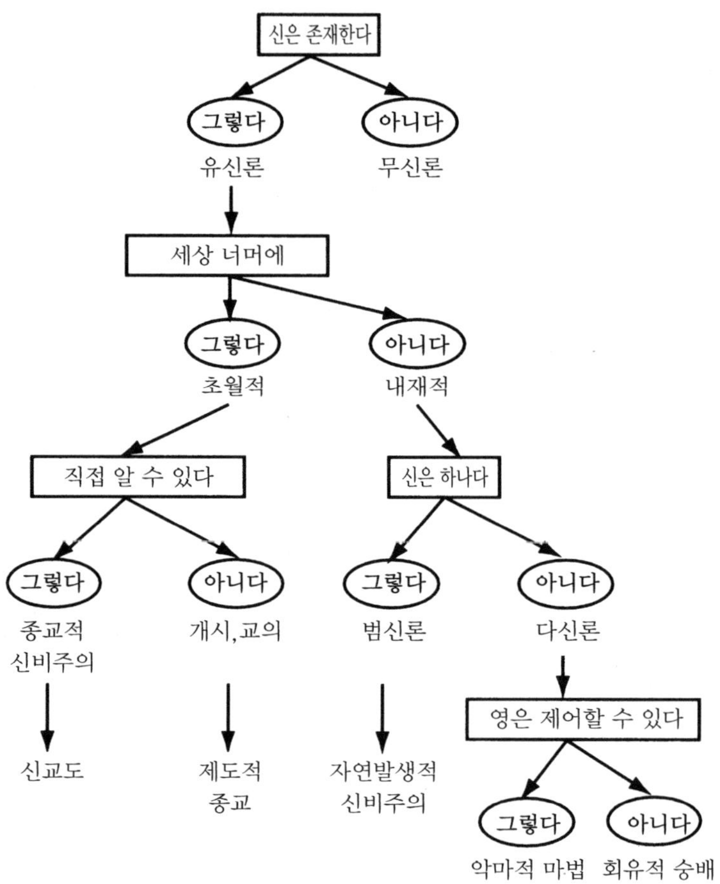

[그림 3]

　자연적 또는 초자연적인 마법 사상은 평판이 나쁜 동료인 악마적 마법보다 더욱 널리 퍼져 있고 훨씬 더 포착하기 힘들지만, 여러 가지 국면을 갖고 있기 때문에 규정하기가 보다 용이하지 않다. 그러나 상상력을 자극하는 그것의 힘은 오늘날의 문화에서 그것이 뜻 있는 역할을 함을 암시한다. 그것은 스스로 개별적인 이름을 획득한 여러 활동에 가담하며, 언제나 활기를 돋우는 구성 요소로 인식되는 것은 아니다. 사실 현상을 설명하는 이론들을 만들어 낼 때의 과학이 그러하듯이 그것은 물질계와 정신 간의 상호 작용과 관계된다. 그러나 그것은 물질적인 상호 작용보다 초자연적인 상호 작용에 대한, 또 이 상호 작용이 개체에게 독특함을 인정하는 것에 대한 관심으로 인해 과학과는 구별된다. 과학은 일반적인 것만——흔히 통계적 총체만을——다루지, 결코 유일한 것을 의미심장하게 다루지 않는다고 아무리 여러 번 이야기해도 지나치지 않다.

초자연적인 마법은 부적의 마법적 효력 중에서 모양과 색깔의 힘을 인정한다. 이것은 기본적으로 건축적이고 회화적이며, 심지어는 장식적인 것에 관한 일이다. 그림에서 하늘을 향해 치솟은 뾰족탑·형태·빛·명암, 방의 형태와 색채, 질감에 있어서의 조화로운 배열——요컨대 부적이라는 것이 각 경우에 만들어 내는 것을 통해서 마법을 구현하는 것이 아니라면 이것들이 무엇이겠는가? 마법적인 만물 이론에서 부적은 우주를 침투하고 지구상의 존재들 속에 구현되는 특정한 초자연적인 힘을 끌어당기는 물질로 정교하게 만들어진다. 이것은 지구상의 영들이 존재한다고 믿는 한 어느 정도 악마적 마법과 중복되지만, 자연적인 마법에서는 악마적인 마법과는 달리 어떤 강제적인 요소도 없다. 지구상의 존재들이라는 생각은 플라톤의 지구상의 동물을 상기시키며, 훨씬 더 거슬러 올라가면 바빌론의 점성학까지 간다. 따라서 토성은 고난, 목성은 포용력, 화성은 공격성, 태양은 생명력, 수성은 요술, 금성은 사랑과 평화, 그리고 달은 변화와 모순을 연상시킨다. 개별 행성에 속하는 어떤 형태, 기호나 비술적(秘術的)인 표지가 존재했으며, 욕망하는 힘을 끌어당기는 데 사용될 수 있었다. 원·삼각형·정사각형·십자가·만(卍)자·별은 위상기하학적으로 완전무결하고 어떤 수화 속에나 나타날 것이다. 알맞은 금속에 새겨진 그런 형태는 사악한 영의 유해한 공격을 비껴 가게 하는 데 도움이 되거나, 행운이나 건강을 가져다 줄지도 모른다. 지극히 간단한 부적이 그와 같으니 거리의 자동차에서 우리는 얼마나 많은 현대의 변형물들을 보는지! 그러나 최고 수준의 부적 마법은 예술에서 형태의 힘을 표현하는 또 하나의 방법일 뿐이다. 다시 말하면 그것은 악마적 마법이 아닌 방식으로 실재하며, 일반적으로 경험된다.

또 한 국면은 말 마법이다. 언어는 사람들 사이의 가장 기초적인 소통 수단이며, 생각하는 일 자체에서 중요한 역할을 한다. 웅변의 입말, 시의 글말은 의심할 여지가 없는 힘을 갖고 또 실재한다. 말 마법은 그저 말의 힘보다 더 많은 가치가 있다. 그것은 어떤 것의 '진정한' 이름을 안다는 것은 바로 그 본질을 안다는 믿음을 구현한다. 물체의 진정한 이름은 신비하고 마법사에 의해서만, 또 그에 대해 완전히 납입을 끝낸 사람들에게만 알려져 있다.

한 처음, 말씀이 계셨다. 말씀은 하느님과 함께 계셨고, 하느님과 똑같은 분이셨다.

(〈요한복음〉 1장 1절)

신성한 말이라는 생각은 확실히 마법적 만물 이론에 앞선다. 신비로운 의미에서 이 특별한 말 하나하나는 그것이 지칭하는 **것이다**. 그것은 일종의 친밀한 유기적 교감 속에 물체의 본질을 담고 있어 그 단어를 말로 나타내는 것은 그 물체 자체를 소유하거나 통제하거나 물체와 합병되는 것이다. 이 개념에 대한 가장 신성한 사례의 하나가 유대교 신비철학에서 발견되는데, 거기에서 신은 4자음문자로 된 단어 **IHVH**

로, 그 가장 근접한 번역이 여호와(jehova)인 발음할 수 없는 단어이다. 예를 들어서 17세기의 그리스도교 신비주의 철학자 로버트 플러드는 성삼위일체 교리 안 야훼의 4자음 문자가 갖는 4중 구조를 조화시키기 위해 상당한 수완과 창의력을 발휘했다. 요드(I)·헤(H)·바우(V)라는 글자들은 아버지·아들·성령으로 해석되고, 여분의 헤는 성령이 아버지와 아들에게서 흘러나오게 하는 것으로 해석되었다. 이것은 그 가장 근본적인 차원에서 매우 전문화된 말 마법이다(물리학에서의 유추는 야훼의 4자음 문자를 네 가지 힘——중력, 전자기, 약하고 강한 상호 작용——을 구현하는 소립자들의 가장 기본으로 보는 것이다).

절대적인 말이 존재한다는 자연 마법의 주장은 놀라우며, 줄잡아 말하더라도 쉽게 이해할 수 있는 것이 아니다. 그러나 누구도 음악 마법, 선율과 화성, 조화, 노래의 마법이 존재함을 의심할 수 없다. 말은 실용적인 일상의 도구로 우리 모두 생각을 나타내고 의사소통하는 데 너무나도 많이 사용해서 그것들을 마법적인 목적으로 보기 어렵게 만든다. 그러나 음악은 그렇지 않다. 그것이 사물들과 진정한 교신을 하지 않는다는 사실이 그것을 다른 범주에 위치하게 하고, 그래서 음악 자체가 일종의 마법이라는 것을 받아들이기 쉽게 한다. 마음에 너무나도 강력히 작용할 수 있는 유려한 소리의 건조물이 창조될 수 있다니 놀랍고 신비스럽지 않은가? 강력한 음악적 형태들은 작곡가라는 창조적인 천재들과 음악인이나 음악인들의 공감할 수 있는 공연을 통해 존재한다. 만약 이런 식으로 비물질적인 형식들을 교묘히 다루는 것이 마법이 아니라면 마법이란 무엇인가? 음악은 말 그대로 마음을 사로잡는다. 그것은 마법이다.

아주 초기 신화에서 음악이 마법적인 힘으로 등장하는 것은 결코 의외랄 것이 없다. 그에게 수금 사용법을 가르쳐 준 아폴론에게서 수금을 선물받은 오르페우스는 야수들을 매혹시키고, 나무와 심지어는 바위도 춤을 추게 하는 음악을 연주했다. 그가 떠난 트라키아 지대의 수많은 오래된 산의 참나무들이 아직도 춤추고 있는 모양으로 서 있다는 소문이 있다. 그리고 좀더 최근에는 톨킨의 창작물 《실마릴리온》이 음악을 우주 최초의 재료로 받아들인다. 피타고라스의 학설을 신봉하는 사람들의 견해 역시 그러하여, 음악의 수학적·천문학적 성격에 대한 그들의 통찰력——단순한 숫자로 나타낸 비율의 조화 속의 존재, 천체의 음악——은 수를 사용한 음악과 별들을 친밀한 관계로 연결했다. 음악 마법과 숫자 마법은 피타고라스의 학설을 신봉하는 사람들의 사고 속에서 얼키설키 복잡하게 연결되었다.

숫자 마법, 즉 수비학(數秘學)은 유대교의 신비철학에서 강하게 나타난다. 신·천사·천체의 위계 제도는 정수에 의해서 뿐만 아니라 알파벳 문자에 의해서도 표시된다. 이것은 단어를 산술화할 수 있음을, 그리고 산술적 연산은 궁극적으로 말의 오묘한 의미를 만들어 내는 일을 해낼 수 있음을 의미했다. 수비학의 조금 덜 고상한 분과들에서는 사물과 숫자 사이의 온갖 오묘한 교신을 보는데, 그 중 진지하게 주목할 만한 것은 없다. 그러나 숫자 마법이 일반적으로 주장하는 것은 사물과 숫자 사이의 오묘하고 초자연적인 관계이다. 유물론의 기초까지 발가벗기면 그것은 수리물리학에서 매우 총체적으로 탐구해 온 관계이며, 그 결과가 기본적인 직관을 충분히 정당화함에는 의심의 여지가 없다. 그러나 왜 수학이 효과가 있는지는 여전히 커다란 불가사의이다. 그 형태들은 구체적인 물체의 움직임에 해당한다. 한쪽을 조종함으로써 다른 한쪽을 어떻게 조종할지 우리는 이해한다. 오늘날 음악 마법은 간단히 음악이 되었으며, 그 후예인 숫자 마법은 간단히 수리물리학이 되었다. 우리는 여전히 존재하고 있는 마법을 너무나 자주

잊는 경향이 있다.

마법의 가장 현실적인 분과는 4원소 마법이다. 흙·공기·불과 물의 성질을 이해하려는 취지에서 그것은 한쪽 극단에서는 주술을 포함하는 온갖 종류의 비법과 술책으로 차츰 변화하고, 다른 한쪽 극단에서는 공공연히 초자연적인 연금술의 언어로 이야기한다. 이 분야에 있어서 저술 내용 중 많은 부분은 이런저런 종류의 처방으로 되어 있다——독약 만드는 법, 우환 처리법 등등. 그러나 진지한 연금술은 마법의 구성 요소, 질이 나쁜 금속을 금이나 은으로 변화시킬 현자의 돌과 영생의 불로장생, 만병통치약을 찾는 것이었다. 당시에는 어떤 의사나 응용화학에 대한 약간의 지식이 있었다. 그러나 마찬가지로 그는 마법의 만물 이론에 무관심할 수 없었다——특히 조화와 일치, 금속과 무거운 물체 간의 초자연적인 교신, 소우주-대우주의 이론에서 규정하듯이 신체 기관과 별들 간의 관계에 대한 교의에. 그리고 그는 용(불완전한 물체), 결혼(현자의 돌을 잉태하기 위해 태양이 달을 수태시키는 것), 알(물질을 부화하는 연금술적 용기(容器)), 나무(대지로부터 나온 열매로 영(靈)을 생산)로 이루어진 중요한 연금술적 상징을 잘 알고 있을 것이다. 이 모든 것들은 지저분하고, 악취가 나며, 가끔은 위험한 화학적·의학적 술책을 실행하는 것을 지지하는 마법의 미묘하고 내밀한 분과를 요약하고 장식한다.

사람들이 마법을 생각할 때 그것은 보통 마녀의 가마솥과 프로스페로 같은 자연력의 통제 이미지로 된 4원소 마법이다. 사람들이 마법사를 생각할 때는 하늘을 날고, 바람과 비를 통제하고, 눈에 안 보이게 되고, 모양을 바꾸고, 먼 거리를 순식간에 이동하고, 기적적인 치유를 가져오고, 적들에게 마술을 걸어 그들이 마법에 걸린 상태로 잡아두는 능력 같은 멋진 힘이 있다고 주장하는 사람들이기 쉽다. 이런 힘들은 확실히 추구할 가치가 있으며, 분명히 많은 마법사 지망자들은 부적과 말, 음악 마법이 암시하는 좀더 명상적이고 지적인 활동보다 그런 힘을 추구하는 쪽을 택했다. 그런 힘들은 여전히 추구되지만, 그 활동은 이제 우리가 공학과 응용과학으로 생각하는 것이다. 우리는 이제 사람이 날기 위해 필요한 조건, 신경가스가 '마법을 걸' 리라는 것, 많은 치료법의 효과를 안다. 바람과 비의 통제, 눈에 안 보이기, 변신, 순간 이동은 현재 우리의 능력 밖에 있으며, 추측건대 계속 그 상태로 남을 것이다. 한편으로 4원소 마법과 다른 한편으로 응용화학과 응용과학·공학은 공통의 목적——자연의 통제——을 공유하지만, 4원소 마법은 효과가 없었으나 과학은 효과가 있었다. 이 경우 마법은 그것이 속하지 않은 영역으로, 그리고 일찍이 진행중인 실험과학을 결국 축출한 영역으로 길을 잘못 들었다.

또 다른 희생자는 모든 것을 지지하는 마법적 우주론이었다. 세계의 다양성에 대한 환상을 넘어서는 심오한 초자연적 단일체, 곧 신플라톤주의자들의 일자(一者)가 있었다. 밝혀내는 것이 마법사들의 임무인 숨겨진 영향력과 교신에 의해 삼라만상은 다른 삼라만상들과 연결되었다. 아리스토텔레스의 가르침과 피타고라스의 신성한 천체에 기초해서 우주의 그림은 더 낮은 것을 향해 아래로 발산하는 더 높은 천체의 특성을 갖는 광대한 영적 위계질서의 하나였다. 우주론은 최후의 연금술 철학자에 속하는 로버트 플러드(1574-1637)에 의해 알기 쉽게 상술되었는데, 그의 목표는 우주와 인간에 관한 지식——대우주와 소우주——을 요약하는 것이었다. 그의 우주는 신으로부터 퍼져 나와 지구의 불결한 밑바닥까지 22회전으로 내려오는 거대한 나선이었는데, 각 회전은 정수와 히브리어 한 글자, 영적 실재에 의해 명시되었다. 숫자 1은 우주의 지성인 정신(Mens)으로 아홉 천사 계급——치품(熾

品) 천사 · 지품(智品) 천사 · 주품(主品) 천사 · 좌품(座品) 천사 · 능품
(能品) 천사 · 주품(主品) 천사 · 역품(力品) 천사 · 대천사 · 천사——이
뒤따른다. 이 아래에는 별——토성·목성·화성· 태양· 금성· 수성·
달이 오고, 그뒤를 4원소 불·공기·물, 마지막으로 흙 순으로 뒤따
른다. 발산의 학설에서 더 낮은 존재들은 더 높은 차원에 있는 존재들
의 현시로 발산된다. 즉 예를 들어서 대천사들 중 미카엘은 행성 중에
서는 태양으로, 신체에서는 심장으로, 금속 중에서는 금으로 발산된
다. 한 차원에서 행한 행동은 다른 차원에서 반향한다——그것이 모
든 마법의 기초이다. 행성이 그 원래의 위치로 돌아오는 플라톤의 위
대한 역년이라는 사상은 플러드 우주론에서 해질녘과 초저녁, 그리고
궁핍을 공허한 지구와 공허한 신성한 힘이 뒤따르고, 창조, 해돋이와
활력의 증강, 그리고 활력의 감소, 그리고는 다시 해질녘으로 계속되
는 영원한 순환 개념 속에서 그 상응점을 발견한다. 그것이 과연 만물
이론——곧 초자연적인 모든 것——이다. 그것은 굉장한 성과였지
만, 비록 그것의 주제는 물질적이라기보다 정신적이었을지라도 그것
이 케플러와 길버트·갈릴레이·뉴턴의 다른 시각 후까지 살아남을
수는 없었다.

그러나 초자연 또는 자연 마법은 비록 유행이라고 할 수는 없을지라
도 아직도 잔존한다. 오직 4원소 마법만이 사라져 버리고 없다. 사람
들은 오늘날에도 여전히 반지·팔찌·목걸이 등의 형태로 부적을 지
닌다. 그리스도교도의 젊은 여자들은 금이나 은십자가를 하고 있다.
거친 사나이들은 문신을 한다. 이게 부적 마법이 아니고 무엇인가? 시
는 시어를 선택함으로써 아직도 말 그대로 마음을 사로잡고, 음악은
아직도 마음을 사로잡는다. 우리 세계에 내재하는 말 마법, 음악 마법,
부적 마법——요컨대 자연 마법——은 종교와 과학과 함께 이런저런

이름하에 언제까지나 잔존할 것이다.

그러나 마법이 바로 과학에서의 숫자 마법으로 현시되는 것보다 더 많은 힘을 발휘한 곳은 없었다.

6
천체의 음악

봐요, 어떻게 천공에
번쩍이는 금접시로 빽빽이 무늬를 박아넣었는지.
당신이 바라보는 가장 작은 천체라도
천사의 노래처럼 움직이며
눈 밝은 아기 천사들에게 아직도 합창을 들려주고
있소.
불멸의 영혼 속에는 그런 화음이 있소.
그러나 이 흙투성이의 쇠약한 육체가
못 들어오게 철저히 막고 있는 동안에는 그 소리를
들을 수가 없소.

월리엄 셰익스피어, 《베니스의 상인》, 5막 1장

요하네스 케플러가 행성의 궤도가 타원임을 발견하고, 아이작 뉴턴이 그의 유명한 역제곱 법칙을 구체적으로 표현하는 수학 방정식으로 인력의 영향을 기술한 이후 수학은 더욱더 물리학으로 침투했으며, 몇몇 분야에서 그것은 그 실험과 관찰에 의지하는 학과를 일종의 수학적 신학으로 전환하는 데에 큰 효과가 있었다. 수학은 뛰어나고 불가사의하며 신비주의적인 기운이 없지 않다. 수학적 구조가 없는 과학은 이제 상상할 수 없지만 항상 이런 실정은 아니다. 과학이 출범하기 전

수학은 마법의 한 부분이었으며, 그 마법적 영향력은 오래전 피타고라스의 추종자들에게 그랬듯이 오늘날 많은 이론물리학자들에게 영감을 주고 있음을 여전히 발견할 수 있다. 수세기를 넘어 발전되어 온 수학과 과학 간의 긴밀한 관계는 이제 아주 당연한 것으로 받아들여진다. 우리는 이제 더 이상 마법을 알지 못한다. 이 장과 다음에 올 두 장에서는 이 특별한 공생을, 곧 그것이 어떻게 시작되었는지, 그 한계가 무엇이며 어떻게 우리의 운명이 완전히 제한되는지를 탐구한다.

피타고라스라는 마법적 인물 주위에서 발생한 신화의 하나에 의하면, 행성과 별들이 발하는 음악은 인간들 중에서는 피타고라스 혼자 만들었다. 신화는 계속하기를 우리들 나머지는 천체의 하모니를 간파할 수 없다고 한다. 우리가 아주 섬세한 오감을 갖고 있지 않아서가 아니라 태어날 때부터 그것을 들었기 때문이다. 현대의 과학자는 그 모든 것을 단순히 멋진 은유로 간주하려는 경향이 있을 것이나, 그렇게 하는 것이 옳은지는 분명치 않다. 피타고라스와 그 추종자들의 다양한 설명으로부터 추측할 수 있는 것으로 판단할 때, 그들은 근저는 신비적일지라도 현대의 실용주의와 경험적 검열에 충분히 익숙해진 오늘날에도 결코 소극적이지 않은 세계에 대한 독특한 시각을 갖고 있었다. 명백한 신비주의와 냉정한 과학의 상호 작용은 일반적으로 추측하는 것보다 이상하지 않으며, 과학이 전 우주와 그 창조의 비밀을 드러낼 수 있다는 현대의 믿음에서보다 그것을 더 생생하게 예증하는 곳은 없다.

피타고라스는 상당히 애매하다. 그는 아무런 저술도 남기지 않아서 무엇을 그가 발견한 것으로 생각하고, 무엇을 그가 설립한 비밀 단체의 구성원들이 발견한 것으로 생각할지 불확실할 수밖에 없다. 기원전 580년경에 태어나 그리스의 이오니아 식민지인 오늘날의 터키 서부 해안 인근의 사모스 섬에서 성장했다. 그가 탈레스와 밀레투스학파를 알아 그들에게서 고대 문명의 옛 지식과 바빌론으로부터 오랫동안 전해 내려온 수학을 흡수하기 위해 이집트를 방문할 것을 권고받고 그렇게 한 것인지도 모른다. 어느 단계에 특이한 방식의 마법적 · 종교적 가르침이 그에게서 구체화되고 추종자들을 끌어당겼다. 기원전 532년경 그와 그 제자들은 이탈리아 남부의 도리아 식민지인 크로토네에 자리잡고 오르페우스교[1]와 철학 · 수학을 신봉하는 신비한 교단을 설립했다.

이것은 결코 상실한 적이 없는 인간 영혼 속 깊은 곳의 무언인가를 구현한 교단이었다. 그들의 철학은 지각할 수 있는 세계는 거짓된 것으로 보고, 인간의 진정한 삶은 별에서 기원하는 것으로 보았다. 그들은 도취케 하는 명상이라는 오르페우스교적 의미의 이론에 헌신하는 삶을 옹호했으며, 오각별 형태의 별표를 그 상징으로 삼았다. 피타고라스의 학설을 신봉하는 사람들의 선견과 그들의 놀라운 계시는 25세기 동안 사람들을 자극하고 교육해 왔다. 그들의 믿음의 핵심은 만물의 진정한 본질은 숫자로 이루어져 있다는 확신이었다.

그런 주제의 연구는 피타고라스에 의해 수학이라는 이름이 부여되었다. 그는 어떤 의미에서 세계 최초의 이론 물리학자였다. 그의 수학은 이산적(離散的)인 것과 연속적인 것, 두 분야로 나누어졌다. 이산적인 것은 더 나아가 산수를 의미하는 절대적인 것과, 음악을 의미하는 상대적인 것으로 나누어졌다. 연속적인 것은 기하학을 의미하여 정적이거나, 천문학을 의미하여 동적이었다. 산수 · 음악 · 기하학 · 천문학은 중세 4과의 4과목이 되었다. 그것은 문법 · 논리학 · 수사학으로 이루어진 3학과 더불어 중세 유럽의 지식을 구축하는 기초를 형성했다.

피타고라스의 학설을 신봉하는 사람들은 수학의 두 분야 중 이산적

---

1) 윤회 · 응보를 믿는 신비적인 종교. 〔역주〕

인 것을 최고로 생각했다. 특히 1이라는 숫자는 그 물리적 표현은 모든 물체의 발생 시점이요, 그 신비적 표현은 이성 그 자체였다. 2라는 숫자는 의견을 의미했다. 후자는 애매함을 필요로 하는 까닭이었다. 그리고 물리적으로는 선(線)을 의미했다. 숫자 3은 두번째 삼각수(1은 첫번째)이고, 6은 세번째, 그리고 10은 네번째였다. 그 열 지점이 숭배되는 상징인 삼각형 형태로 배열된 처음 네 수의 합이 되기 때문에 10은 무엇보다 신성해서 완전을 의미했다. 면은 3과 연관되었다. 면을 정의하려면 3점이 필요하기 때문이었다. 숫자 4는 고체와 정의(正義)(공정한 관계?)이고, 8은 입체였다. 숫자 5는 첫번째 짝수와 첫번째 홀수의 결합으로 결혼과 연결되었으며, 소수(素數)는 아테네 여신에게 봉헌되었다. 정수의 기본 의미는 일자(一者)로부터 발생한 그것의 능력에 있었다. 수는 그것들 사이에 존재하는 진실되고 절대적인 실체로 초시간적이고 영원한 관계였다. 수는 절대적인 실체였다. 연속적인 사물은 확실히 단일체들, 궁극적인 일자로 이루어져 있음이 분명했다.

이 일원론, 곧 세계에 대한 이 수 이론은 음악의 상대적 음색 속에 가장 잘 드러났다. 진동하는 팽팽한 현악기는 그 음높이가 줄의 장력과 무게·길이에 의해 결정되는 음색을 발한다. 피타고라스학파는 길이를 정확히 2등분하는 것이 문화와는 상관없이 모든 사람들이 기본적인 것으로 간주하는 음정인 옥타브로 음높이를 올린다는 것을 알고 있었으며, 아마도 발견했을 것이다. 이때에 분명하고 물리적인 방식으로 드러나게 되는 수가 하나 있었다——그 옥타브와 으뜸음을 연결하는 2라는 숫자가. 심지어는 오늘날에도 중앙 다의 주파수가 초당 256회의 진동을 할 때(256헤르츠) ‘철학적 가락’으로 피아노를 조율한다고 말한다. 그러면 n이 정수인 곳(중앙 다의 8과 동일)에서 어떤 다의 주파수는 2^n헤르츠이기 때문이다.

옥타브처럼 귀에 거의 기초적인 것이 5도 음정, 예를 들어서 다조의 사이다. 5도 음정은 현을 원래의 3분의 2 길이로 줄임으로써 얻는다. 그 다음 중요한 음색은 4도 음정(라)으로, 현을 원래의 4분의 3 길이로 줄이면 된다. 4도 음정과 5도 음정 사이의 음정 역시 바탕음으로 6분의 1로 길이가 바뀐 것에 해당한다. 그러므로 으뜸음과 옥타브 사이에 6음정이 있지만, 기본 화성을 얻기 위해서는 더 많은 음색이 필요하다.

화성은 단순한 숫자들이 진동수와 관계될 때 특히 듣기 좋다(아마 이에 대한 후성적인 설명이 있을 것이다). 으뜸음 다와 5도 음정 사로 되어 있는 2화음은 2 대 3 비율로, 그것은 또한 4도 음정 바와 다 옥타브의 비율이기도 하다. 다와 바의 비율은 3 대 4이다. 이것들은 모든 인간의 귀가 긍정할 정말로 기본적인 화성이며, 아주 간단한 수의 비율에 의해 정의된다. 숫자의 아주 심오한 의미를 보여주는 그렇게 유쾌한 예는 마음에 감동을 주지 않을 수 없다. 피타고라스는 이것을 음악으로 나타난 수이자 자신의 믿음에 대한 강력한 확증으로 보았을 것이 틀림없다.

2화음으로부터 나오는 그런 간단한 비율을 사용해 두 가지 음색의 화성을 뛰어넘어, 세 가지 음색의 화음에 관해 묻는 것은 자연스러운 일이다. 가장 단순한 비율 1 대 2 대 3은 으뜸음과 옥타브, 위 5도 음정으로 이루어지는 기본 3화음을 나타내는데, 그것은 단순한 2화음 2 대 3과 너무나도 비슷하게 들리는 것이 재미있다. 그 다음으로 간단한 3화음 2 대 3 대 4에 대해서도 마찬가지로 말할 수 있다. 그 역시 옥타브를 필요로 하기 때문이다. 3 대 4 대 5 비율을 볼 때, 이것은 새로운 음색인 6도 음정을 수반하기 때문에 재미있는 일이 생긴다. 다장조에서 이것은 다바가에 해당할 것이다. 만약 다가 다로 대체되고, 그래서 3화음이 똑같이 들리면 바가다 음색은 4 대 5 대 6의 비율이 된

다. 이 특별한 비율은 실제로 가 음은 물론 라, 마, 나음이 정확한 주파
수로 덧붙여지면 실현 가능한 피아노의 모든 화성 3화음을 정의한다.
그래서 우리는 여덟 개(그러므로 옥타브)의 음색 전 음계를 갖는다. 그
비율은 표 1에 제시된다.

다	라	마	바	사	가	나	다
1	9/8	5/4	4/3	3/2	5/3	15/8	2

[표 1]

이 음색의 순서가 리디안 음계이다. 모든 음색을 되돌리지 않고도
한 조에서 다른 조로 조바꿈을 하게 하려면 이 음계의 순도는 희생되
어야 한다. 음정을 변화시키지 않고 음계의 가락을 변화시키는 일은
각각 $2^{1/12}$과 같은 12음정에 의해 구별된 13음색(올림표와 내림표가 덧
붙여진)이 있는 소위 같은 평균율의 음계를 필요로 한다. 십진 기수법
으로 두 음계를 비교한 것이 표 2에 제시된다.

리디안	1.000	1.125	1.250	1.333	1.500	1.667	1.875	2.000
같은-	1.000	1.123	1.260	1.335	1.498	1.682	1.888	·2.000

[표 2]

〈평균율 클라비어 곡집〉이라는 J. S. 바흐의 유명한 오르간 전주곡
에서 그런 음계를 사용한 것은 아리스토텔레스의 제자인 아리스토크
세노스(기원전 350년경)까지 거슬러 올라갈지도 모르겠다. 조바꿈의
용이함은 조금 불완전한 한 조의 화성 2화음과 3화음을 견뎌야 하는
것으로 값을 치러야 한다. 오직 탁월한 음감을 가진 자만이 그 차이를

간파할 수 있다. 그럼에도 불구하고 같은 평균율의 음계는 피타고라스의 학설을 신봉하는 사람들에 의해 숭배된 수의 신성한 화음을 포기하기 때문에 개념상으로 불경하다.

화성은 음악뿐 아니라 기하학적으로도 탐구되었다. 피타고라스 학설을 신봉하는 사람들의 가장 큰 비밀 중 하나는 12면과 20면 '구체'의 발견이었다. 완벽하게 등각등변인 다섯 개의 입체들 중에서 4면체 · 정6면체 · 정8면체는 이집트인들에게 알려져 있었던 것이 거의 확실하다. 피타고라스는 등각등변의 12면 입체인 12면체와 등각등변의 20면 입체인 20면체를 발견했다. 그러나 직각삼각형의 직각을 이루는 면들 위의 정사각형에 관한 그의 유명한 법칙이 얄궂게도 $\sqrt{2}$라는 양을 배출하는데, 그것은 자연수의 비율로 표현될 수가 없다. 원의 지름에 대한 원둘레의 비율 π도 마찬가지였다. 이것은 심상치 않게 기이한 일이었다. 유리수는 정수와, 정수의 비로 표현될 수 있는 그것의 분수였다. 그러나 2의 제곱근은 그렇게 표현될 수 없었으며, 파이 역시 그러했다. 그런 숫자들은 무리수였으며, 오늘날에는 그렇게 부른다. 그것들의 존재는 사리를 제대로 분별할 줄 아는 피타고라스의 학설을 신봉하는 모든 사람들을 놀라게 했을 것이 틀림없다.

만약에, 유리수가 음악과 기하학이라면 4과(科)의 마지막에 천문학이 와야 하지 않을까? 아마 식(蝕) 때에 달 위의 만곡을 이루는 그림자 때문에 필시 피타고라스는 지구는 둥글다는 것을 알았을 것이다. 마치 거대한 투명 천체 위에 새겨진 듯한 지구를 둘러싼 만곡부의 신비한 경로를 좇고 있는 것은 달, 해, 육안으로 본 다섯 개의 행성(수성 · 금성 · 화성 · 목성과 토성), 그리고 별들이다. 피타고라스의 학설을 신봉하는 필로라오스(기원전 500년경)는 행성 태양과 달 · 지구는 중심의 불(제우스의 화덕) 주위를 움직이는데, 지구는 항상 그것을 외면하고 있기 때문에 그 빛을 직접 볼 수는 없고, 그림자에 의해서 태양에서는 간접적으로, 또 달에서는 어느 정도까지만 볼 수 있다고 생각했다. 아마도 식을 설명하고, 또 별세계를 위해 10이라는 숫자의 완벽함에 이르기 위해서인듯 필로라오스는 지구에는 보이지 않는 어두운 반대 지구가 존재한다고 상상했다.

그러나 지구에서 눈에 보이는 우주는 자기들의 영역을 움직이고 있는 여덟 개의 실체로 이루어져 있었다. 그것들은 차례대로 지구로부터 위계에 따르는 것으로 간주되었다——달·금성·태양·화성·목성·토성·별들. 이 위계질서는 바빌론의 것으로, 주일을 이루는 하루하루의 명칭이 거기에서 나왔다. 토요일의 첫 시각은 토성의 지배를 받고, 두번째 시각은 목성의 지배를 받는 식으로 달의 지배를 받는 일곱번째 시각까지 갔을 때 순서는 반복되었다. 스물두번째 시각은 다시 토성이고, 스물세번째는 목성, 마지막 시각은 화성, 그리고 다음날 첫 시각은 태양, 그러므로 일요일 등등이다. 별들은 그런 규칙에 따라 적절히 하늘에 있었다. 같은 위계질서가 사람의 7시기를 기술했다. 하나의 도식에 따르면 달은 4세까지를 다스리고, 수성은 14세까지, 금성은 22세까지, 태양은 41세까지, 화성은 56세까지, 목성은 68세까지, 토성은 98세까지 다스렸다.

8행성의 영향을 받는 존재들은 음악의 옥타브에서 드러난 숫자의 일면이 천문학에서 드러남을 의미했다. 지구와 별들 사이의 거리는 6개의 완벽한 음정으로 이루어진 한 옥타브였다. 지구와 달 사이에는 온음이, 달과 수성 사이에는 반음, 수성과 금성 사이에는 또 다른 반음이, 그러나 금성과 태양 사이에는 온음 반이 있어 지구—태양 간에 완벽한 5도 음정을 만들었다. 태양과 화성 간의 전음정에 뒤이어 화성과 목성 간의 반음과 목성과 토성 간의 반음, 그리고 토성과 별들 간의 마지막 반음이 와서 완벽한 옥타브를 만들었다. 이 도식은 표 3에 제시된 음계를 암시한다.

다	라	내림마	마	사	가	내림나	나	다
1	9/8	6/5	5/4	3/2	5/3	9/5	15/8	2

[표 3]

기묘하게도 이 특별한 도식(센소리누스가 지지한 것)에서 중요한 바음은 완전히 빠져 있다(또 다른 도식은 바음을 끼워넣는다).[2] 하나의 결론은 오직 7화성 3화음만이 허용된다는 것이다. 이 도식에서는 천체의 화성이 표 4에 제시된 장조와 단조의 3화음으로 이루어져 있다.

장조	행성	단조	행성
다 마 사	지구, 금성, 태양	다 내림마 사	지구, 수성, 태양
내림마 사 내림나	수성, 태양, 목성	마 사 나	금성, 태양, 토성
라 사 나	달, 태양, 토성	라 사 내림나	달, 태양, 목성
		다 마 라	지구, 금성, 화성

[표 4]

행성들과 관련된 신화적인 인물들을 가정하면 이 천상의 조화는 어떤 시와 연극을 암시할까!

피타고라스의 학설을 신봉하는 사람들에게 천상의 화성(和聲)은 현실이었다. 천체의 느린 순환은 열정적이고 수학적인 귀에 들리는 광대

---

2) J. L. E. Dreyer, *A History of Astronomy from Thales to Kepler*(New York: Dover, 1953).

하고 모든 것을 포용하는 교향곡의 운율이 고른 마디들이었다. 화성은 최고의 선(善)으로 어디에나 있었으며, 인간의 건강은 이 화성에 참여하는 우주와의 관계를 이룩하는 데에 따라 좌우되었다. 이것은 인간의 영혼을 천체의 영원한 음악과 잇고, 세상에 퍼져 있는, 특성이 아니라 본질로서의 수의 신비한 의미에, 무엇보다도 절대자의 숫자에 마음을 여는 수학에 열정적으로 관여함으로써 가장 최고로 달성되었다.

수는 또한 중세 아라비아 사람들에게 낯익은 마방진을 통해 행성과 관련되게 되었다. 마방진에서 연속되는 정수들은 열과 행, 대각선이 각각 따로따로 더해서 같은 수가 되도록 배열된다. 가장 단순한 것은 첫 아홉 개의 정수들을 내포하는 3방진으로 가장 정밀한 범위에 가장 가까운 행성, 즉 토성에 배당된다. 4, 5, 6 등등의 방진은 잇따라서 목성·화성·태양 등등으로 해서 달까지 배당된다. 그 행과 열, 대각선 방향으로 111까지 더해지는 태양의 방진은 특별히 주목할 만하며, 그 6행의 합은 666——'그 짐승의 수'——이었다. 보편성을 주장하는 것이 쉽게 수비학적 미신을 일으킬 수 있었을 것이고, 있었으며, 오늘날에도 일으키고 있을지라도 수는 모든 것을 포용한다는 생각과 상당히 빈약하지만 모두 일치된다.

물론 피타고라스보다 오래전 이집트 사람들은 오늘날 우리 대부분이 하는 것만큼이나 수를 실제적인 문제에 사용하고 조종했다. 그들에게 수란 특정한 문제들을 해결하는 도구였으며, 피타고라스에 이르기까지 우리가 알고 있는 그 어떤 일반화의 징조도 나타나지 않았다. 세계와 수학 간에 가장 친밀한 관계가 존재한다는 그의 열렬한 믿음은 수시대를 내려오며 계속해서 사람들을 고무했으며, 20세기까지 계속되며 그 누구보다도 케플러를 고무했다.

피타고라스의 사상에서 그 강하게 신비적인 요소는 수학자이자 천문학자인 요하네스 케플러의 정신과 영혼에 플라톤과 신플라톤주의자들이 전달한 것 속에서 아무것도 상실하지 않았다. 그가 열렬히 신봉한 태양계에 대한 코페르니쿠스의 이론에 대해 배운 케플러는 오스트리아 그라츠의 신교 신학교에서 수학을 가르치고 있지 않을 때 행성의 궤도의 수와 크기를 설명하는 훌륭한 이론을 발전시킬 여가가 있었다. 이 이론은 저자가 겨우 25세이던 1596년에 《우주 구조의 신비》라는 제목의 책으로 출판되었으며, 바로 이 책이 갈릴레이와 덴마크의 천문학자 티코 브라헤가 케플러의 이름에 주목하게 했다. 그 이론은 순전히 피타고라스의 학설이었다.

케플러의 시대에는 그 이전 시대들과 마찬가지로 오직 5행성——수성·금성·화성·목성, 그리고 토성——만이 알려져 있었다(천왕성은 1781년, 소행성은 1801년, 해왕성은 1846년, 명왕성은 1930년에야 발견되었다). 코페르니쿠스 이후 지구는 다른 것들과 함께 행성이 되어 궤도를 그리며 태양 주위를 돌고 있었다. 케플러를 곤혹케 한 질문들은 왜 여섯, 오직 여섯 행성뿐인가였다. 그리고 왜 궤도들은 관찰로부터 추론한 행동 반경을 갖는가? 당시에는 다른 사람들처럼 그도 궤도가 원운동을 한다고 믿었으며, 23년이 지난 후에야 궤도가 사실은 타원형이라는 유명한 발견을 했다. 그러나 그 모든 불가사의와 더불어 나타나는 문제는 궤도의 모양과 관계된 것이 아니었다. 오히려 존재론적인 문제였다. 왜 여섯인가? 왜 그런 행동 반경인가?

케플러는 오래된 피타고라스 행성의 천체와 입체기하학과 연결되는 양자 원리에서 해답을 찾았다. 후자에서는 그가 필요로 하는 유명한 양자화가 있었다. 행성간에는 다섯 간격이 있으며, 다섯, 오직 다섯 개의 등각등변의 입체가 있을 뿐이었다. 여기에 행성의 수에 관한 신비주의적인 설명이 있었다. 등각등변의 입체에 관련된 천체의 크기에 관해 케플러는 자신의 책에서 설명한다.

지구라는 천체는 모든 것의 척도이다. 그것을 12면체로 외접시켜라. 그 외접한 천체는 화성이 될 것이다. 화성을 4면체로 외접시켜라. 그 외접한 천체는 목성이 될 것이다. 목성을 정6면체로 외접시켜라. 그 외접한 천체는 토성이 될 것이다. 이제 지구 안에 20면체를 내접시켜라. 그 내접한 천체는 금성이 될 것이다. 금성 안에 정8면체를 내접시켜라. 그것의 내접한 천체는 수성이 될 것이다. 여기에서 당신은 행성의 수에 대한 이유를 알게 된다.

이 도식에서 지구라는 천체는 피타고라스의 발견물들——12면체(5각형 열두 개로 이루어진 '구체')와 20면체(삼각형 스무 개로 이루어진 '구체')——사이에 알맞게 끼어든다.

몇 년 후 케플러는 복잡한 감정을 갖고 이 젊은 시절의 연구를 되돌아봤음에 틀림없다. 티코 브라헤가 수년에 걸쳐 참을성 있고 정확하게 입수한 자료에서 드러났듯이 화성의 궤도에 대한 난제과 드잡이하면서 그는 이론과 관찰 간의 근접한 합의를 주장하게 되었다. 피타고라스와 신플라톤학파 철학의 신비주의로 가득하고, 약간의 점성술을 실행하는 것도 반대하지 않은 그였지만 유명한 저서——《우주의 조화》 외에 달리 무슨 제목이겠는가?——에서는 수성도 화성도 아니고 코페르니쿠스와 티코 브라헤가 그의 별이라고 단언했다. 화성의 궤도 문제에 관한 그의 접근법은 오늘날 대단히 전문적이라고 부를 수 있을 것이며, 결국 그 궤도가 아리스토텔레스의 천문학에서 본 완벽한 원이 아니고 더할 나위 없이 완벽한 타원이 분명하다고 보도록 그를 이끌었다. 게다가 그는 궤도의 주기와 타원의 크기 간에 존재하는 단순하고 분명한 수학적 관계를 발견했다. 피타고라스의 등각등변의 입체들에 관한 그의 재기 넘치는 이론은 단념되어야 했다. 그렇지만 여기에는 처음으로 음악에서와 같이 분명히 표현된 수가 있었으며, 케플러는 음악적 화성에 의해 행성의 법칙들을 퇴고하기를 게을리 하지 않았다. 그는 자신이 피타고라스의 학설을 신봉하는 사람들을 능가했으며, 진정한 천체의 음악을 발견했다고 믿었다. 그리고 아주 분명한 의미에서 그는 발명했다.

피타고라스가 발견한 것들의 효력은 감소하지 않고 남아 있다. 무수한 방식으로 수소와 결합하는 다용도의 탄소 원소는 진정한 그리스 기질의 일군의 화학자들에 의해 수년 전에 활용되었다. 그들은 탄소 20에 수소 20으로 구성된 12면체 형태——피타고라스의 등각등변의 입방체 중 하나——로 탄화수소 분자를 합성했다. 그것들이 그 '절묘한 형태'와 '특히 고도로 심미적인 매력'으로 12면체의 생산을 자극했다고 했다. 12면체는 쿠반[3]과 테트라 헤드란을 결합하며, 아마 조만간에 8면체와 20면체도 있게 될 것이다.

아직도 대단히 많은 부분이 건재한 피타고라스의 직관적 통찰의 신비한 힘은 수학을 물리학의 세계에 장탄하는 방아쇠였다. 그러나 연금술적인 열정이 자연을 좀더 냉정히 바라보는 시각, 과학이 발전하도록 허락한 냉정한 시각과 병행하듯이 거기에는 더 냉정한 경향도 있어서 수학적 사상을 확장했다. 그리고 그 확장은 진정 장엄했다. 그러나 과학이 그 유용함이 의심시되는 분야로 빗나가듯이 수학도 사실상 우리 삶의 모든 구석에, 대개는 호의적으로 그러나 항상 그렇지는 않게 충만해 있다. 과학의 본성이 무엇인지, 또 그 한계가 무엇인지

---

3) cubane. C_8H_8. 〔역주〕

알 필요가 있듯이 우리는 수학이 무엇이고, 그 한계가 무엇인지도 알
필요가 있다.

7

과학과 수학

금지된 천체의 음악을
그저 한번만이라도 아주 가까이 듣는 사람은
그후로는 외롭다.

코벤트리 팻모어, '금지된 천체의 음악'

피타고라스는 세계를 숫자로, 플라톤은 세계를 초월적 형상으로 보는 시각을 우리에게 제시했다. 아리스토텔레스는 논리의 법칙들을 남기고, 유클리드는 일련의 공리로부터 공간의 특성을 추론했으며, 아르키메데스는 수학을 물리학에 응용하고, 디오판토스는 우리에게 대수에 관한 첫 저작을 넘겨주었다. 그리스의 유산이 무너지기 시작하고 있었다. 그것은 자연과 수학에 대한 논리적인 연구에 매우 귀중한 기초를 제공했다. 경험주의적인 토대를 벗어나는 위험을 무릅쓰고서라도 세계를 수리적으로 해석하는 것이 물리학의 목표가 되었으며, 오늘날 그 위험은 심각하다. 심지어는 원래의 그리스인의 욕구로부터 이것이 어떻게 발생했는지는 이해하기 쉽다. 물리학의 법칙들로 환원할 수 있는 모든 객관적 지식에 대한 환원주의자들의 생각은 사실 수학적 구조로의 환원이 가능함을 의미한다.

케플러 이후 숫자 없는 과학이란 있을 수 없었다. 갈릴레이는 자연이라는 책은 수학이라는 언어로 씌었다고 확신했으며, 데카르트는 물리적인 설명과 순수하게 수리적인 설명을 구분하고는 있지만 과학의 주제는 수학적인 형태로 표현될 수 있는 것에 한정되어야 한다고 주장했다. 몇몇 현대 과학자들은 데카르트와 동의하는 한편 좀더 나아가서 수학적인 형태로 표현될 수 없는 것은 무의미하다는 견해를 받아들인다. 최초로 정신과 물질을 조화될 수 없는 것으로 구분한 데카르트는 이것을 터무니없는 생각으로 간주했을 것이다.

수학에 대한 데카르트의 중요한 공헌은 대수를 기하에 응용한 것이었다. 학창 시절에 배운 유클리드의 기하를 기억하는 우리 모두 알 테지만 다양한 공리를 증명할 때는 일반 언어를 사용하는데, 이것이 언제나 알아듣기 쉬운 것은 아니다. 일반적인 것에서 나온 것으로 기본 공리를 다루는 일은 특별한 재간을 필요로 하는 것으로 보인다. 데카르트가 고안한 좌표기하학은 많은 증명을, 그 중에서도 특히 타원과 쌍곡선 같은 원뿔꼴의 부분에 적용된 것들을 훨씬 더 쉽게 증명하게 하며, 또 다른 것들이 발견될 수 있게 했다.

그는 **수리적** 설명과 **물리적** 설명을 구분함에 있어서 과학에 또 하나의 중요한 기여를 했다. 수학적인 것을 주장하긴 했지만 그는 사실 물리적인 설명을 배제하지는 않았다. 그에게 있어서 또 다른 많은 사람들에게 있어서 물체의 움직임은 물리적 접촉을 통해서만 발생할 수 있었다. 즉 지구가 태양 주위를 움직이는 일에 관한 유일하게 이해할 수 있는 물리적인 설명은 지구가 잠겨 있는 유동체가 움직여 지구를 운반한다는 것이었다. 데카르트의 소용돌이 이론은 모든 행성의 움직임에 적용되었다. 일정 거리에서의 작용이라는 생각을 마법적 허튼소리로 암묵적으로 기각하는 것이었다.

물론 우리의 공통적인 경험 —— 밀고 당기기는 접촉하는 물체들을 수반하여야 했다──은 이 견해를 지지한다. 역학에 대한 실험에서 갈릴레이는 접촉하는 물체들을 다루었으며, 이 접촉에 의한 운동 법칙에 수학적인 표현을 부여했다. 물리적 설명과 수리적 설명 사이에 큰 간격을 벌려 놓은 사람은 바로 뉴턴으로 그 간격은 그 이후 과학에 늘 붙어다녔다. 평범한 경험에 기초한 상식은 물체를 계속 움직이게 하려면 그것들을 계속해서 밀어야만 하고, 밀리거나 당겨지는 물건과 접촉하기만 하면 밀거나 당기는 일을 할 수 있다는 것을 알았다. 뉴턴은 관성과 일정 거리에서의 작용이라는 개념으로 상식을 깨뜨렸다. 모든 물체는 관성을 갖고 있는데, 그것은 힘을 체험하지 않으면 물체의 움직임에 변화가 없을 것임을 의미하지만 그 힘이 접촉에 의한 힘일 필요는 없다. 그는 모든 인력 현상을 수리적으로 설명할 수 있는, 하지만 물리적으로는 아무것도 설명할 수 없는 간단한 수학 공식을 발견했다. 어떻게 달이 지구 주위의 궤도에, 또 행성이 태양 주위에 머물러 있는지는 인력, 곧 일정 거리에서의 마법적인 작용과 물체의 관성이 갖는 마법적 특성 때문이었다. 상식은 이 분야에서 그 권위를 결코 회복하지 못했다. 지구에서의 움직임과 천상에서의 움직임으로 이루어진 관측에 적용할 때 뉴턴의 수학은 효과가 있다. 보편적인 인력의 역제곱의 법칙은 케플러의 행성의 움직임의 법칙을 설명할 수 있을 것이며, 뉴턴의 운동 법칙은 갈릴레이의 결과 일체를 설명할 수 있을 것이다. 심지어는 대양의 조류조차 설명된다. 그러나 어떻게 일정 거리에서의 움직임이 이루어지는가는 **물리적으로** 설명되는 것은 **아니었다.**

1687년, 뉴턴의 《자연철학의 수학적 원리》 출판은 비할 데 없이 중요한 사건이었다. 그 서문에서 뉴턴은 쓴다.

그러므로 나는 이 저작을 철학의 수학적 원칙으로 제안한다. 철학의 모든 부담——자연의 힘들을 조사하는 운동 현상들로 인한, 그리고는 다른 현상들을 설명하는 이 힘들로 인한——이 이 안에 있는 것으로 보이기 때문이다.

여기에서 철학이란 물론 자연철학, 즉 과학을 의미한다. 이 진술은 과학이란 무엇에 관한 것인지를 심지어 오늘날까지도 규정짓는다. 그러나 뉴턴은 《자연철학의 수학적 원리》의 다른 곳에서 계속해서 이야기한다.

자연철학의 주요 관심사는 가설을 꾸며대지 않고서도 현상들로부터 논하고, 우리가 바로 시원(始原)에 닿을 때까지 결과로부터 원인을 추론하는 것이다. 그것은 확실히 기계적이지 않다.

이런 식으로 물리적인 설명은 회피되고 오직 수리적인 관계만 받아들여지는 것이다——적어도 처음에는. 뉴턴 자신도 일정한 거리에서 작용하는 힘으로서의 인력은 터무니없는 개념이라고 생각했지만, 수학을 통해 이해할 수 있는 세상을 창조한 신에 대한 그의 믿음이 그로 하여금 인력의 근원은 영적일지도 모른다고 생각하게 했다.

영적인 힘의 가능성을 상상하는 뉴턴의 성벽은 그의 철학이 갖는 확실한 신비적 경향의 한 예이다. 그는 장미십자회의 신비 사상을 잘 알고 있었으며, 그의 출판되지 않은 원고는 연금술에 대한 관심을 보여준다. 그의 색채 혼합 이론에서는 피타고라스의 경향이 강하게 드러나는데, 거기에서는 일곱 무지개 색깔들이 옥타브의 일곱 음정과 비례하는 원의 호(弧)로 묘사된다. 다섯 개의 음색, 초록 · 파랑 · 보라와 빨강, 그리고 두 개의 반음색 주황과 노랑. 여기에다 천체 음악의 그림자와 무지갯빛 그림자도.

뉴턴 이후 수학자 신에 대한 믿음이 널리 퍼져 있었다. 일찍이 실험
에 충실한 베이컨의 권유와 같은 회의적인 자세들——

논증에 의해 확립된 공리들로 새로운 일들을 충분히 발견할 수 있다
는 것은 있을 수 없다. 자연의 교묘함이 논증의 교묘함보다 수 배나 더
큰 까닭이다——.[1]

은 무시되었다. 수학이 세계를 설명할 수 있다는 것은 라이프니츠에
의해서 그 둘 사이의 예정된 조화가 존재하는 것으로 축소되었다. 수
학적 통찰은 매우 중요하여, 데카르트에 의하면 심지어 논리학보다 더
우선했다.

직관은 순수하고 세심한 정신의 확신에 찬 생각으로, 그것은 단지 이
성의 빛에서만 생겨나며 추론보다 더 확실하다.[2]

파스칼 역시 유사한 소감을 나타낸다.

공간·시간·운동·수 같은 제1원칙에 대한 우리의 지식은, 우리가
추론에 의해 얻은 어떤 지식만큼이나 확실하다.[3]

이 두 수학자들에게 있어서 수학은 직관적인 일이었으며, 독실한 가

---

1) Francis Bacon, *Novum Organum*(1620).
2) René Descartes, *Rules for the Direction of the Mind*(1628).
3) Blaise Pascal, *Pensées*(1669).

톨릭 신자였던 파스칼에게 있어서 과학은 일종의 예배였다. 신의 세계가 수학을 통해 알려지는 것이었다.

수학의 발전은 놀라웠다. 뉴턴과 라이프니츠에 의해 발전된 미분학은 라그랑주에 의해서 실제 물리적인 과정에 구애됨 없이 오로지 수학적으로 역학을 처리하기 위해 사용되었다. 그는 자연이 반응을 나타내는 방식의 하나는 최소 작용의 원리로 요약할 수 있다고 보았다. 그것은 새로운 수학——변분법——의 핵심부를 차지했다. 한 예는 빛에 관한 것으로 그것은 균일한 매체에서 최소한의 시간이 걸리는 경로를 따라서, 즉 직선으로 여행한다. 또 다른 예는 힘의 영향을 받지 않는 입체의 직선 운동이다. 매우 효능 있는 것으로 드러난 이 원리는 라그랑주에 의해 이용되었으며, 훗날 야간의 일반화를 거친 후 해밀턴에 의해 매우 광범위하게 응용할 수 있는 아주 수학적인 고전역학을 공식화하는 데 이용되었다. 작용은 수학적인 고안물로, 증가시킨 에너지와 시간 또는 운동량과 거리에 의해 생산된 양에 의해 정의된다. 그 원리는 기계 체계는 작용을 최소화하도록 발달할 것이라고 진술한다. 계속해서 가능한 작용을 최소화하는 일이 어떤 사람들에게는 자연의 검약 행동의 일종으로 보였을 것이다. 오늘날 자연은 더 이상 인간적인 특성을 부여받지 않아서 어느 누구도 이제는 그런 식으로 생각지 않는다——다만 얼마 안 되게 보존되고 있는 이 수학적인 산물이 있는 게 고작이다. 그러나 고전역학의 순전히 수학적인 창조물인 작용은, 아직은 또는 심지어는 더욱 불가해할지라도 양자역학에서 실로 대단히 실재하는 것이 된다.

고전 수리물리학의 또 다른 찬란한 업적은 맥스웰이 전자기장을 창안한 것과 모든 전기적·자기적·광학적 현상을 하나의 이론으로 통합한 것이었다. 다시 한번 더 전기적·자기적 힘을 일정한 거리에서 작용하는 힘으로 받아들이면 암페어와 쿨롱에 의해 발견된 전류 전기 및 정전기학의 개별 법칙들, 길버트와 에르스텟에 의한 자기의 법칙들, 패러데이에 의한 유도의 법칙들이 모두 설명되었다. 빛이 제한된 속도로 이동한다는 것은 1676년에 뢰머에 의해 발견되었다. 1849년에 피조에 의해 실험실에서 측정되고 1년 후 푸코에 의해서 좀더 정확하게 측정된 그 속도 역시 그 이론의 일면이다. 이 모든 요소들은 맥스웰이 1873년에 출판한 네 쌍의 미분방정식에서 구현되었다. 고전물리학에는 이제 소위 두 분야, 둘 다 일정 거리에서의 이 마법적 작용을 특징짓는 자연의 매우 신비한 요소들, 곧 수학에 의해 일소될 수 없는 신비인 인력 분야와 전자기학 분야가 있었다. 물리학의 수학화는 완벽한 것으로 보였다. 그러나 더 많은 수학이 나올 것이었다.

만약에 $\sqrt{2}$와 π 같은 무리수가 피타고라스의 학설을 신봉하는 사람들을 파랗게 질리게 만들었다면 그들은 존재하지 않는 마이너스 1의 제곱근, $\sqrt{-1}$에 대해 어떻게 반응했을까? 하나의 상징으로서 그것은 벡터과 관련해 그 용례를 발견했다. 벡터의 개념——스칼라와는 달리 크기와 방향을 가진, 속력처럼 양을 나타내는 숫자——은 17세기에는 낯익은 것이었다. 보통 기호 i로 표시되는 상상의 양 $\sqrt{-1}$을 사용하면 복잡하긴 하지만, 즉 예를 들어서 $A=B+iC$로 실수 부분 더하기 허수 부분으로 구성되어 있긴 하지만, 하나의 숫자에 의해 기술될 수 있는 벡터 대수학을 발전시키는 것이 가능했다. 이렇게 B는 x-방향을 따라 성분의 양을 한정할 수 있고, C는 직각 방향, 말하자면 y-방향을 따라 성분의 양을 한정할 수 있었다. 벡터를 서로 수직을 이루는 두 성분으로 분해하는 것은 크기와 방향은 하나의 복소수로 요약될 수 있음을 의미했다(많은 수학을 요약하고 있다). 미분 벡터 대수학이 뒤를 이었으며, 복잡한 변수의 함수로 된 완전한 자료관이 발전했다. 그런 자료관은 실험 결과를 예언하거나 해석하는 데에 이론을 적용하는 물리학자들에게 필수불가결한 것이다.

피타고라스의 학설을 신봉하는 사람이 허수의 충격으로부터 헤어날 만큼 강하다면 그는 교환 불가능의 충격으로부터 헤어날 것인가? 우리는 산수의 방정식 $7 \times 6 = 42$에 아주 익숙하며, $7 \times 6 = 42$는 참일지라도 6×7은 다른 것이라고 주장하는 사람이 있다면 당연히 망연자실할 것이다. 일상적인 산수에서 한 수에 다른 수를 곱하는 순서는 결과물과 무관하다. 그런 식으로 작용하는 양을 나타내는 숫자는 교환할 수 있다고 이야기된다. 교환할 수 없는 양 a와 b의 산물은 곱셈의 순서에 좌우된다——$a \times b \neq b \times a$. 우리는 4차원, 곧 시간의 차원과 공간의 3차원의 세계에 산다. 우리가 허수를 사용해 4차원적 벡터 A의 특성을 요약하고자 한다면 어떤가. $i = j = k = \sqrt{-1}$일 때 우리는 $A = B + iC + jD + kE$를 쓸 수 있다. 만약 A의 크기가 실수로 주어져서 실체와의 접촉을 유지하기를 바란다면, i와 j의 곱은 j와 I의 곱과 같지 않다. 다시 말하면 허수 i와 j는 일상적인 수가 그렇듯이 교환되지 않는다. 이 양은 4원수(元數)라고 불리며 그것들은 $ij = -ji$, $jk = -kj$, $ki = -ik$라는 특성을 갖는다. 이는 서로 다른 종류의 허수의 곱을 다루는 규칙이다.

많은 노력으로도 유클리드의 기하학이 참임을 증명할 수 없음을 깨달았을 때 물려받은 그리스인의 감각에 또 다른 충격이 가해졌다. 특히 평행한 선들은 결코 교차하지 않는다고 주장하는 공리는 증명이 불가능했다. 그래서 이 공리는 특정한 기하학, 즉 유클리드의 기하학을 정의하는 것으로 봐야 했다. 이것은 물리학에서 사용되고 분명히 자명한 평면적인 공간에 대한 유클리드의 개념은 필시 그렇지 않을 것이라는 의미였다. 파스칼과 칸트를 포함해서 많은 사람들에 의해 참으로 주장된 유클리드의 공간에 대한 직관은 결정할 수 없는 것으로 밝혀졌다. 이것은 가우스와 로바체프스키·보요이·리만에 의한 비유클리드 기하학의 발전을 위한 길을 열었다. 평행선들이 분기하는 구면기하학을 상상할 수 있을 것이다. 실제로 지구 표면에 그린 삼각형의 각들이 그렇듯이 구면기하학에서는 삼각형의 각들을 모두 합산하면 180도 이상이 된다. 안장 위에 그린 삼각형의 경우처럼 쌍곡선 기하학에서는 각들을 모두 더하면 180도보다 작아진다. 당연히 존재하는 듯이 보이는 실세계와 무관한 수학의 새로운 분과가 여기에 있었다.

유클리드 기하학의 폐위는 사람들에게 다른 기하학뿐만 아니라 경험적 고찰에 대해서도 눈을 뜨게 했다. 만약 공간 자체를 주어진 것으로 받아들일 수 없다면 어떻게 그것이 실제로 무엇과 같은지 알아내는가? 유클리드의 기하학이 지구 위에서 국부적으로 갖는 탁월한 근사값을 알지만 우주의 나머지 부분에서는 어떤가? 어떻게 이야기할까? 우리는 우리 주위의 위치와 상대적인 장소를 갖는 물체들을 보고, 삼각형의 각들을 더하고 유클리드의 예언에 우리가 얼마나 근접하는지 측정을 함으로써 국부적으로 공간은 편평하다는 것을 알고 있다. 거기에서 작용하는 단어는 '보다'이다. 기하학을 풀기 위해서는 빛을 이용해야 한다. 지구의 움직임이 빛의 속도에 미치는 영향과, 전혀 아무런 영향도 없다는 유명한 마이컬슨-몰리 실험으로부터 실험에 의거한 증거에 대한 관계를 추적해 아인슈타인은 특수 상대성 이론을 발전시켰다. 우리는 빛을 이용하여 세상에 대한 정보를 입수하고 우리가 논리적으로 도출해 낸 세상의 구조는 그 특성에 의해 결정된다. 그 구조는 진공에서의 빛의 속도가 자연의 기초 상수로 받아들여질 때 획득되는 것으로 아인슈타인에 의해 결정되었다. 시간은 지역 시계에 의해 측정되고, 공간은 빛의 파동을 보내고 그 반사파를 받음으로써 측정되었다. 동시성이 갖는 조작상의 의미에 대한 예리한 분석에서 아인슈타인은 보편적인 의미는 4차원적 시공 연속체에만 부여될 수 있다는 것을 제외하고는 공간 및 시간 자체에 부여되는 보편적인 의미는 없다는 것을 보여주었다. 똑같은 시계를 사용하고 똑같은 방식으로 빛을 이용해서 서로 다른 균일한 속도로 이동하는 관찰자들은 시공이 특정한 3차원 공간과 특정한 시간 순서로 다르게 분할되는 것을 본다. 빛보다 더 빠르게 이동하는 것은 없기 때문에 오행 속요[4]에서 찬양하는 유의 어떠한 모순도 나타나지 않는다.

> 브라이트라는 아가씨가 있었는데요.
> 그녀는 빛보다도 빨랐답니다.
> 어느 날 그녀는 출발했어요
> 상대적인 방식으로요.
> 그리고 그 전날 밤에 돌아왔답니다.

그러나 우리는 시간의 추이, 말하자면 빠른 중간자가 정지된 중간자보다 훨씬 느리다는 사실을 받아들여야 한다——빠른 중간자는 더 오래 사는 것으로 관찰된다.

멀리까지 미치는 또 다른 특수 상대성의 영향력은 유명한 방정식 $E=mc^2$에서 구현되는데, 여기에서 E는 전체 에너지이고, m은 질량, c는 빛의 속도이다. 이것은 에너지와 관성 질량을 동등하게 취급한다. 개념상으로는 관성을 결정하고 뉴턴의 운동 법칙에 등장하는 입체의 질량은 인력에 반응하는 질량과 다르지만 실험상으로는 이 두 질량이 동일해 보이는 것으로 발견된다. 등가의 원리는 이 두 질량이 실제로

---

4) 5행의 약약강격의 운율로 이루어진 해학적인 시.〔역주〕

일치하며, 그저 대략 같은 게 아니라고 주장한다. 만약 사정이 이러하다면 균일한 인력장의 효과와 동등한 가속도를 구별하는 것이 가능해서는 안 된다. 질량과 에너지에 있어서 그 이상의 등가는 빛이 인력장에 의해 영향을 받아야 함을 의미한다. 판판한 공간에서 이는 빛의 속도가 변하리라는 것을 의미할 터이다. 빛의 속도가 어디에서나 일정하다면, 만약 우리가 시간과 공간을 스스로 배치해야 한다면 인력장 안의 공간은 편평할 수 없을 것이 틀림없다는 결론이 된다. 아인슈타인은 일반 상대성 이론에서 일정한 거리에서 작용하는 힘으로서의 인력이라는 개념은 포기될 수 있으며, 그 인력은 사실 시공 자체에 대한 질량-에너지의 효과라고 결론 내렸다. 일반적으로 시공은 비유클리드의 4차원적 연속체였다.

아인슈타인의 일반 상대성 이론으로 고전물리학은 종언을 고한다. 입체공학은 라그랑주와 해밀턴의 일반 방정식에 의해 기술된다. 전자기 현상들은 맥스웰의 방정식들로부터 추론할 수 있다. 전기역학 방정식으로 두 체계 모두 특수 상대성과 모순 없이 양립하게 할 수 있다. 그리고 사건들이 일어나는 시공은 아인슈타인의 일반 상대성 이론으로 기술된다. 모든 방정식은 미분 방정식이며, 물론 범위의 조건은 해법을 규정하기 위해 필요하다. 이것들을 정확히 규정하는 일은 언제나 가능한 것이 결코 아니며, 따라서 손에 넣은 해법들은 통계적인 의미만을 가질지도 모른다. 복잡한 방식의 경우에는 불가피하게 우연과 무질서도(度)에 관계된 개념들이 등장한다. 더욱이 경계에서의 조건을 기술하는 일은 환경에 대한 상술을 필요로 한다. 설령 다면체 체계에 대한 미시적인 기술이 불가능할지라도 열역학의 법칙들이나 그것의 미시적 대응물인 통계 역학으로부터 일반적인 특징을 입수하는 것이 가능하다. 모두가 경험하는 시간의 화살이 분명해지는 것은 바

로 여기뿐이다. 시간이 연루되는 고전물리학의 모든 방정식에서 시간
은 공간처럼 좌표이며, 기본 물리학에 영향을 주지 않고도 긍정적 또
는 부정적이 될 수 있다. 우주의 그밖의 부분과 고립되지 않은 큰 수
와 체계의 영역에서만 시간은 좀더 사실적인 의미를 갖는다.

고전물리학의 방정식이 전 우주에 적용될 때 범위 조건을 지정하기
란 쉬운 일이 아니게 된다. 우주의 진화를 기술하고자 하는 우주론은
보편적인 시간을 정의하려 고민하고, $t=0$에서의 물리적 조건에 관계
할 것이 틀림없다. 우주는 팽창하고 있다. 만약 $t=0$ 이래로 팽창하고
있다면, $t=0$인 빅뱅에서 물리적 조건은 우리 경험 훨씬 밖에 있을 것
이다. 그것에 대해 어떻게 할지는 나중에 처리할 흥미로운 논점이다.

플랑크에 의한 작은 작용 양자, 기호 h의 발견과 뒤이은 전자와 빛
의 비고전적인 움직임에 대한 우려는 세계에 대한 수리적인 서술과는
구분되는 어떤 물리적 서술도 상상하기 대단히 어려우며, 오직 추상적
인 수학 이론을 통해서만 일종의 이해에 이를 수 있음을 의미했다. 적
어도 고전물리학에서는 수리적 서술이 관계하는 행성이나 분자 · 원자
들을 가리킬 수 있었다. 물리적인 상황은 수학적인 상황과 동행한다.
전류는 이온의 매트릭스를 통과한 전자라고 하는 작은 입자의 흐름이
다. 빛은 파동이었지만 언제나 막연한 것이었다. 양자의 동태가 발견
됨으로써 전자는 무슨 실험이 수행되고 있느냐에 따라 파동이나 입자
같은 파도처럼 움직이는 것이 발견되었다. 이 양자 입자의 몇몇 특성
에 대한 근본적인 예측 불허가 우리로 하여금 기초적인 단계에서 개
연성의 개념을 이용하게 한다. 여기에서보다 과학이 수학에 의지하는
곳은 없다. 게다가 실험에서 관찰되는 양자 현상 고유의 비국소성은
한계 안에서 전 우주를 망라해야만 하는 수리적 진술을 강요하는 것
으로 보인다.

만약에 여기에서 해결되지 않은 문제가 양자의 움직임을 인력과 연결시키는 방법이라면 양자 전기 역학의 성공은 대단히 인상적이다. 고전 전기역학 방정식의 양자화는 비교적 직접적이지만, 전자와 전자기장 자체에 대한 그 영향력을 다루는 것은 고전의 상황으로부터 크게 이동하고 우리에게 낯익은 상식적인 세계로부터는 훨씬 더 멀리 이동한 세계를 드러냈다. 전자는 언제나 점 입자로 간주되었지만, 이것은 예를 들어서 휴지 상태에 있는 전자 한 부분의 쿨롱 상호 작용과 결합한 자체 에너지가 고전물리학에서 무한함을 의미했다. 전체 양자 전자기 이론에서는 다른 종류의 에너지가 개입하고 일이 복잡하게도 전자를 둘러싸고 있는 전자기장은 극도로 활동적이어서 끊임없이 생기고 사라지는 입자들, 소위 단시간에 소멸되어 확인이 어려우나 실재함이 확실한 입자들로 기운이 넘친다. 그럼에도 불구하고 재규격화[5]라고 하는 멋진 방법으로 수소 원자 안의 전자 에너지에서 양자 전기역학의 이동을 감동적으로 정확하게 계산할 수 있었으며, 더욱이 이 계산은 실험과 일치했다. 그러나 세계는 늘 변했다. 진공은 더 이상 단조롭지도, 비어 있지도 않았다. 그보다도 그것은 가상의 동요——그 동요가 가상인 이유는 순간적으로 존재하기 때문이다——로 들끓었으며, 이 들끓음은 소립자들과 반입자들의 출현과 소멸, 곧 입자의 지속 기간이 짧다는 것을 조건으로 불확실성의 원리에 의해 허용된 형성 에너지로 이루어졌다. 그러나 들끓는 진공은 그것이 에너지를 갖고 있으며, 따라서 유명한 방정식 $\mathbf{E}=\mathbf{mc}^2$으로 그것이 질량을 가짐을 의미했다. 질량을 갖는 진공은 어떤 미래의 양자 인력 이론에도 다소 걱정된다.

---

5) 양자론에서 전하와 질량이 무한대가 되는 것을 피하기 위해 전자가 전하를 띠지 않았다고 가정했을 때의 전자 질량을 실험치 대신 사용해 계산하는 방법.〔역주〕

이 광범한 경험의 영역에서 우리는 과거 그 어느 때보다 수학에 의존한다. 물리학은 결코 수학 없이는 진척될 수 없다. 그러나 수학은 우리가 생각하는 만큼 믿음직한가? 우리가 학교에서 경험한 유클리드 기하학으로부터 갖게 된 일반적인 관점은 수학은 참이라고 생각하는 일련의 공리에서 추론한다는 것이다. 나는 현대 수학자라면 그에 찬성하지 않을 것이라고 추측하겠다.[6] 《신비주의와 논리학》에서 버트런드 러셀은 이같이 말하였다.

수학은 우리가 무슨 말을 하고 있는지, 우리가 말하고 있는 것이 참인지 결코 알 수 없는 학과로 정의할 수 있다.

바꿔 말하면 수학은 그것이 일종의 진리를 주장할 수 있도록 논리적으로 자기 모순이 없기를 바라는 구조이다. 그것이 과학에 유용한지 여부는 또 다른 문제이다. 경험적인 진리는 수학적인 진리와 아주 다르다. G. H. 하디는 그의 건배로 유명하다.

순수 수학에 건배! 부디 아무 소용도 없기를.

수학이 그 진리의 문제에도, 그 본질에 관한 문제에도 관계하듯이 수학이란 무엇에 관한 것인지에 대해서도 수학자들이 나누어진다. 데카르트와 파스칼은 그 원천이 되는 진리에 대한 직관적 통찰이라고 주

---

6) 나는 대단히 가치 있는 다음 책들을 발견했다.
G. H. Hardy, *A Mathematician's Apology*(Cambridge, 1940).
Tobias Dantzig, *Number, The Langange of Science*(New York: Macmillan, 1954).
Morris Kline, *Mathematics, The Loss of Certainty*(Oxford, 1980).

장할 것이며, 철학자 칸트의 지지를 받을 것이다. 다른 사람들은 수학적 구조는 플라톤의 형상처럼 저 멀리 아무도 의지하지 않고 존재하면서 발견되기를 기다린다고 주장할 것이다. 괴델은 모든 집합은 실재하는 대상임을 단언했다.

내가 보기에 그런 대상에 대한 가설은 물리적 대상들에 대한 가설만큼이나 매우 이치에 닿는 것으로 그 존재를 믿을 충분한 이유가 있다.

여기에 인식론적 의문——수학적 진리의 원천은 무엇인가?——과 존재론적 의문——무슨 수학적 진리가 세상에 존재하며 발견되기를 기다리는가?——이 있다.

아주 다른 견해로 수학은 인간 이성의 발명품으로 진리와 아무런 상관도 없다는 것이 있다. 수학을 순수 논리로 격하시키려는 러셀과 화이트헤드의 시도는 실패했으나, 힐베르트는 수학을 논리의 공리를 포함해서 공리를 정의하는 순전히 형식에 치우친 정신 구조로 보았다. 원칙적으로 힐베르트의 수학은 자연과 전혀 무관하며, 우리가 이야기하고 있는 것에 대해 우리가 결코 모르는 학과라는 수학에 대한 러셀의 정의가 한층 더 적합하다. 러셀-화이트헤드 연구에서 유래한 제르멜로와 프렝켈의 이름과 관련된 또 다른 접근법은 수학을 집합 이론에 의해 설명하는 것이었다. 즉 2라는 숫자는 두 개의 원소를 담고 있는 모든 체계의 집합이다. 흰색인 백조는 모두 흰 백조의 집합이다 등등. 집합 이론에 대해 하우스도르프는 불평했다.

아무것도 자명하지 않은 분야로 그 참진술들은 흔히 역설적이고, 그럴듯한 진술들은 거짓이다.

그가 무서운 역설을 생각해 낼 때까지 러셀은 집합 이론에 열중했다. 그는 두 종류의 집합, R집합과 비R집합을 구별할 수 있었다. R집합은 그 자신을 일원으로 포함하는 집합이다. 장서 목록, 곧 도서관에 있는 책의 집합 그 자체는 책이고, 따라서 R집합의 일부이다. 수학자들의 집합은 분명히 수학자가 아니고, 따라서 이 집합은 비R집합이다. 아직 까지는 좋다. 이제 모든 비R집합을 포함하는 집합을 생각하라. 이것은 R집합이나 비R집합인가? 만약 이것이 R이라면 이것은 비R집합의 일원인데, 그렇지 않다는 것이다. 만약 그것이 비R이라면 그것은 비R집합의 일원이 아닌데, 그러나 그것은 그 일원이다. 모든 비R집합들의 집합은 R이나 비R로 기술할 수 없으니, 그렇다면 그것은 어떤 종류의 짐승인가? 집합 이론에는 문제가 있다.

그러나 닥친 것은 더 나빴다. 괴델이 모든 것에 매정하기 그지없는 일격을 가해, 모든 수의 계산을 포용할 만큼 광범위한 어떠한 수학적인 방법도 불완전하거나 일관성이 없음을 입증했다. 괴델이 한 일은 하나의 산술 공식 A를 'A의 참 또는 거짓은 결정될 수 없다'는 의미로 확립한 것이었다. 만약 A가 참이면 계산은 불완전하다──A가 참임을 추론할 수 있는 공리가 없다. 역으로 만약 A가 거짓이면 A를 고안하기 위해 사용된 계산은 모순된다. 모리스 클라인이 《수학》에서 언급하듯이 일관성은 몇몇 기본 학파와 논리학자들, 형식주의자들, 집합이론가들이 채택한 논리적인 원칙에 의해 확립될 수 없다. 그러나 어떤 종류의 증명이건 최소한 몇몇 철학자들에 의해서 조금은 회의적으로 간주되곤 했다. 클라인은 니체를 인용한다.

논리적인 증명의 장점은, 그것이 믿음을 강요하는 것이 아니라 그것이 넌지시 회의를 나타낸다는 것이다.

그리고 포퍼를 인용한다.

> 증명을 이해하는 수준은 세 가지이다. 가장 낮은 것은 논증을 납득한 데서 오는 즐거운 기분이다. 두번째는 그것을 반복하는 능력이다. 세번째 또는 최고의 수준은 그것을 반박할 수 있는 능력이다.

수학은 이 모든 것에도 불구하고 과학에 도움이 되었다. 결정적인 요소로 작용할 수 있는 관찰된 것에 일치할 필요성은 언제나 있지만, 이 시험 역시 결코 보기만큼 간단하지 않다. 관찰은 언제나 이론을 적재하며, 따라서 특정한 이론에 대한 시험은 결코 원하는 만큼 명쾌하지가 않다고 경고한다. 클라인은 쿠란트의 목소리로 된 우려를 인용한다.

> 다름 아닌 과학의 생명에 심각한 위협이 되는 것은 수학은 모순되지 않음에 틀림없지만 수학자들의 자유 의지에 의해 창안되었을지도 모르는 정의 및 공리에서 이끌어 낸 결론 체계일 뿐이라는 주장 속에 암시된다.

수학이 무엇이든 그것은 우리가 학창 시절을 떠올리며 그리는 간단한 그림 같지는 않다.

자연, 특히 양자와 고에너지 관리 양식이라는 낯선 영역에 대한 탐구는 모든 과학적 탐구가 그래야 하듯이 아직은 경험적이다. 이해하기 위해 해석되어야 하는 다듬어지지 않은 자료가 존재하고, 여기에 수학이 개입해서 이해의 기초를 형성할 구조를 마련한다. 그러나 수학은 이용 가능한 구조의 수가 휘황찬란하다. 특히 심원한 연구 분야에서는 이용할 수 있는 선택의 여지가 많다. 이런 경우 어떤 판단 기준을 사용해야 할까? 정밀과 간결이 확실하지만 정밀하고 간결한 이론들이 많다면 무엇을? 목소리 큰 수학자나 연구 집단에 의해 우리의 이해가 결정되게 해야 하는가? 또는 진실 그 자체가 어쨌든 우리의 선택을 계속해서 인도할 것이라는 믿음을 고수해도 될까?

20세기 후반에 단순한 문제들을 모두 해결한 또는 몇몇 단순한 문제들이 사실은 매우 심오함을 발견한 수학자/과학자들은 상당히 오만하게도 복잡한 체계의 연구로 눈을 돌리고, 그렇게 함에 있어서 몇 가지 주목할 만한 일들을 발견했다. 나는 약 30년 전 나의 책 《시간, 공간, 그리고 사물들》을 "물리학은 우주의 단순한 사물들에 관한 것이다"라는 문장으로 시작했다. 나는 물리학자들이 아닌 사람들이 회의를 표시함에도 불구하고 그것을 바꿀 필요가 있다고 느낀 적이 없다. 물리학이 그렇게 성공적이었던 것은 바로 '우주의 단순한 사물들'을 선택함으로써이다. 그러나 그 선택은 실세계의 주요한 부분을 무시함을 의미했다. 그것은 삶의 복잡한 구조와 환경, 삶의 상호 작용과 더불어 삶 그 자체를 무시했음을 의미했다. 그것은 우리 생활의 중심인 모든 인간적 상호 작용을 무시했음을 의미했다. 그러나 더 이상은 안 된다. 복잡한 것에 대한 연구에 돌입하라.

단순한 당구공의 움직임부터 추방하고 자칭 복잡한 것의 연구생은 비선형(非線型) 역학이라는 논제, 실제로 많은 간단한 물리학 체계에 대한 연구의 중심에 있는 논제를 찾아내야 한다. 이 중 몇몇은 역학적 (이를테면 기상), 전기적(이를테면 음전기의 차별 저항으로 알려진 옴의 법칙으로부터의 엉뚱한 출발을 나타내는 반도체), 또는 고압 자석 발전기 유체역학적(이를테면 핵융합의 달성과 무한 에너지의 목표를 실패하게 하는 전리 기체 불안정성)이다. 비선형 역학은 사소한 교란이 기상의 경우 토네이도, 한 종류의 음전기를 띤 차별 저항의 경우 고자기장 이동 영역처럼 가공할 존재로, 또 다른 종류의 전기 섬광으로, 또는 전리 기체 속의 거친 파도 같은 동요로 발전할 수 있는 불안정한 세상의 그림을 그린다. 그러나 혼돈은 더 이상 그것이 존재하곤 하던 것——무법과 무정형——이 아니다. 그것은 어느 정도 길들여졌으며, 무질서한 행동은 분류되고, 혼돈에 관해서 이야기하기 위한 언어가 발달했다. 이것은 감동적이긴 하지만 이 비교적 새로운 과학의 훨씬 더 인상적인 두 결과가 있다. 첫째, 비록 이 모든 비선형 역학이 일정한 방식으로 원인의 뒤를 잇는 결과와 함께 고전물리학 분야에 확고히 위치할지라도 때로는 어떻게 그 체계가 발전될지 예측할 아무런 방법도 없다는 것이다. 이것이 사실인 그 체계에서는 시작 조건에 있어서의 극미한 변화가 아주 다른 발전의 결과를 낳는다. 그 전개를 예측할 수 없는 체계에서 무슨 가격 결정론! 두번째 인상적인 점은 복잡함에서 단순함이 나올 수 있다는 것이다. 물질과의 믿을 수 없을 만큼 복잡한 상호 작용에서 개별 형태들이 등장할 수 있다. 그런 의외의 형태들은 토네이도와 전기 불꽃, 그리고 확실히 삶 그 자체이다.

자연에는 반드러운 표면도, 단순한 형태도 거의 없다. 나무를 생각해 보라. 그것은 줄기로 아주 단순하게 시작하지만 그 줄기는 가지를 내고, 그 가지들 자체가 가지를 내고 더 잔가지들을 만드는 잔가지를 만들어 낸다. 당신 자신의 몸으로 이동해 보라. 스스로 갈라지고 다시 갈라져서 당신의 몸 전체에서 무수한 혈관 모양을 형성하는 두 큰 동맥으로 갈라지는 당신의 대동맥을 생각해 보라. 유사하게 삼각주에서 다양한 흐름으로 갈라지는 강의 원줄기를 생각해 보라. 방침을 바꿔, 무수히 들쑥날쑥하는 연안 항로선을 생각해 보라. 이 가운데 어느것도 엄밀히 단순한 기하학적 모양이 아니다. 그러나 차원 분열 도형 차원으로 환산해 수학적으로 생각함으로써 그것들은 양적으로 이해될 수

있음이 드러난다. 복잡한 모양에 대한 연구를 선도한 수학자 만델브
로는 이 모양들을 차원 분열 도형이라 불렀다. 비슷해 보이는 나무줄
기와 가지, 잔가지는 모두 1차원적이지만 전체 나무는 3차원적인 공간
을 채운다. 혈관도 마찬가지이다. 둘 다 차원 분열 도형이다. 해안선은
지구 저 위에서 보면 부드러운 1차원적 곡선처럼 보이지만 근접 촬영
하면 톱니 모양이 2차원적 표면을 점유한다. 해안선 역시 차원 분열
도형이다. 그리고 톱니 모양이 톱니 모양을 하고 있다. 사실상 스스로
를 더 작고 더 작은 규모로 반복하는 복잡한 형태의 특성은 아주 흔히
있는 일이다. 한때 폐 속의 혈관은 갈라지면서 기하급수적으로 증가
하는 것으로 생각되었으나, 그 모양은 차원 분열 도형이라는 것으로
더 잘 기술된다.

혼돈 체계와 혼돈처럼 보이는 모양들에 대한 연구에서의 성공에 고
무되어 복잡성의 과학은 삶의 문제들——생명의 근원과 진화, 인간 문
화의 무수한 국면들——에 달려들 준비가 되어 있다. 제임스 글레이
크는 《카오스》에서 크고 작은 지진의 분포 구역과 자유 시장 경제에서
의 개인 소득 분배간의 놀라운 유사성에 대해 언급한다. 혼돈과 차원
분열 도형에 대한 물리적인 과학과 수리적인 통찰에서 비롯하는 정확
한 언어 및 사고가 인간 사회를 서술하는 지침으로 이용되어 유추하
게 하고, 유사물들을 암시하게 될 것은 불가피하며 실제로 감지된다.
그러나 작업을 수행하려면 분별력과 감각, 이 둘 다가 있어야 한다. 지
진과 개인의 수입이 같은 모양을 나타낼 수 있을지 모른다. 예를 들어
서 모든 면심 입방 결정체 역시 그렇다. 그러나 정보과학을 설득해서
게르마늄을 위해 실리콘을 포기하게 하지는 않을 것이고, 유사한 모양
에 힘입어 자유 시장 경제가 지진 연구에 투자할 것을 기대하지도 않
을 것이다.

일찍이 나는 수학자/과학자에 대하여 언급했다. 그런 혼성물은 자연과학에서는 흔한 일이지만, 인간 사회에 대한 연구에서도 그런 혼성물이 존재할 수 있을는지는 확실치 않다. 수학에서는 그럴 수 있을지도 모른다. 과학에서는 불가능하다.

경제학과 사회학의 연구에서는 아마도 측정 가능한 단순한 것들에 통계를 적용하는 것을 제외하고는 많은 사람들이 유해하다고 간주하는 영향력을 갖는 수학의 침입을 오랫동안 받아 왔다. 그러나 이 연구를 자연과학으로 변환하는 일은 비교 조사를 할 수 있게 하기 위해 수많은 유사한 사회의 존재를 필요로 할 것이다. 그렇게 모든 것을 갖춘 총체는 존재하지 않으며, 기존의 사회 중에서 다방면에 걸치는 실험을 하기란 불가능하다. 그런 상황에서 수학은 오직 제한된 분담만 담당할 수 있을 뿐이며, 그 사실을 망각하는 것은 과학만능주의에로 빗나가는 것이다. 그러나 수량화는 이제 보편적인 일이다. 과학만능주의식 처리는 양으로 표시할 수 있는 것이 아니면 의미 있는 것으로 간주하지 않는 계율에 따르면서, 상식에 대한 필요를 무시함으로써 인류에게 이로운 것을 추구한다. 한때 전문가들의 손에 남겨진 최선으로 생각되었던 가치들은 재정의되고 숫자와 이름이 부여되게 된다. 특성은 측정될 수 있다. 통계적인 규범과 편차는 평가 기준을 규정함으로써 개개의 재능을 인정하는 성가시고 잠재적으로 불화를 일으킬 필요성을 제거한다. 수학이라고 할 수 있는 것은 많다. 통상적인 정당화는 부족한 자원의 분배를 해결하는 객관적인 수단을 제공하는 것이다. 측정되고 있는 것의 성질을 붕괴시키고 바꾸는 대부분 무의미한 측정법을 제정하기 위해 그 부족한 자원을 사용하지 않고도 같은 일을 하는 상식적인 수단이 있음을 암시하는 것은 현재의 유사 종교적인 풍토에서는 계급 이단으로 보인다. 만약 측정 행위가 측정되고 있는 것을 교

란하는 일을 최소한으로 줄이는 기초적인 실험 기준을 좀더 의식한다
면 도움이 될지도 모른다. 이 기초적인 판단 기준이 적용되지 않는 경
우에 그렇게 얻은 결과에 유용한 의미를 부여하기란 평소보다 훨씬
더 어렵다.

물론 추진력을 갖는 이데올로기는, 삼라만상은 수학이 제공할 수 있
는 객관성과 성질상의 정확성을 갖는 물리학처럼 되어야 한다는 것이
다. 그러나 인간의 삶은 그렇지 않다. 물리학의 거대한 무한수들처럼
근본적인 의미에서 사회를 정의하는 실재가 발견될 것이라고 막연히
나마 상상할 수조차 없다. 자연의 기초 상수로부터 생겨나온 설명할 수
없고 신비스러운 이 수들이 상상력에 미치는 영향력은 참으로 마법적
이다.

8

수

> 나는 우주에는 15,747,724,136,275,002,577,
> 605,653,961,181,555,468,044,717,914,527,116,
> 709,366,231,425,076,185,631,031,296개의 양성
> 자와 같은 수의 전자가 있다고 생각한다.
>
> 아서 에딩턴 경, 《자연과학의 철학》(1938)

　물론 물리학의 기초 상수 각각의 크기는 원래 국제 협약에 의해 규정되는 측량 표준 단위——미터와 킬로그램, 초—— 에 의해서 결정된다. 그래서 진공 속에서의 빛의 속도(기호 c)는 초속 $2.997,924,58 \times 10^8$미터(ms^{-1}), 플랑크의 상수(기호 h)는 $6.626,075,540 \times 10^{-34}$줄-초($Js$), 진공의 유전율(기호 ε_0)은 $8.854,187,817 \times 10^{-12}$패럿(전기 용량의 실용 단위) 퍼미터($Fm^{-1}$), 중력 상수(기호 G)는 $6.672,598,5 \times 10^{-11}$세제곱미터 퍼킬로그램 퍼초의 제곱($m^3kg^{-1}s^{-2}$) 등등이다. 우리가 그것들을 다른 단위로, 예를 들면 야드, 톤, 2주일(1톤을 1조차장 이동하는 데 대략 2주일 걸리는 영국 철도 화물 운송 동향을 기술하는 자연스런 단위라는 다분히 불공정한 생각)로 표현하기로 결정하면 이 숫자들은 모두 바뀔 것이다. 자연은 변하지 않을 것이다——무게를 톤으로 쟀든 킬로그램으로 쟀든 우리는 모두 전과 같은 무게로 느낄 것이다. 기초 상

수의 실제 크기는 위원회에서 결정한 특정 치수를 갖는다. 만약 자연
에 관한 기초가 되는 어떤 것을 양으로 표시하는 중요한 수들이 있다
면 무차원의 수들이 되어야 할 것은 분명하다. 중요한 것은 높낮이 그
자체가 아니라 높낮이 비율——예를 들어서 옥타브에 대한 으뜸음과
관계되는 2라는 계수——임을 오래전에 피타고라스가 발견한 것처럼
우리는 기초 상수들의 일정한 조합 비율을 택함으로써 만들어진 기초
적인 무차원 수의 집합이 존재함을 발견한다.

자연 속에 존재하는 순수한 수들은 그 크기를 직관적으로 예상할 수
있어야 한다고 어떤 사람들은 생각해 왔다. 아서 에딩턴 경보다 그것
을 더 확신한 사람은 없었다. 그의 '기초 이론'에서 그는 세계에 관한
몇 가지 단순한 질적인 주장으로부터 이 숫자들은 논리적으로 추론될
수 있다는 원칙을 추구했다.[1] 그는 관찰된 양성자와 전자의 질량비를
나타내는 방정식을 추론할 때 상대성 이론에서는 질량에 속도를 곱함
으로써 얻어지는 양인 통상 운동량 벡터는 4성분을 갖고 있으며, 그
에너지 텐서는 10성분을 갖지만, 만약 스핀 각 운동량이 포함되면 성
분 수가 각각 10과 136으로 증가한다고 지적한다. 그 다음에 그는 낮
은 속도에서 그것의 정지 질량에 해당하는 외부 에너지와 내부 운동에
해당하는 내부 에너지를 갖는 질량 m_0의 표준 입자를 검토한다. 그리
고 나서 수소 원자를 검토하면서 그는 총운동을 m_e, m_p가 전자와 양
성자 질량인 곳에서 총질량 $M=m_e+m_p$와 관련된 무게 중심 운동과,
감소한 질량 $\mu=m_em_p/(m_e+m_p)$과 관련된 양성자에 관한 전자의 상대
적인 운동으로 쪼개는데, 이것은 일반적인 절차이다. 그러나 내부 에
너지에 관한 한 질량 m_0는 에너지 텐서 136성분, 따라서 $\mu=m_0/136$과

---

1) Sir Arthur Eddington, *Fundamental Theory*(Cambridge, 1953).

관련되지만 외부 운동으로 말하자면 오직 통상적인 10성분, 그러므로 $M=136m_0/10$뿐이다. 그 결과 전자와 양성자의 질량을 2차 방정식으로부터 구할 수 있다.

$$10m^2-136mm_0+m_0{}^2=0.$$

그렇게 해서 무차원 비율 $m_p/m_e=1847.6$이 얻어진다. 이것은 측정된 가치 1836.2와 비교되어야 한다. 비교는 에딩턴이 자신의 계산 결과를 출판한 1931년에는 충분히 신용할 수 있는 것으로 보였다.

에딩턴의 원리는 아주 흥미를 자극하는 것이지만, 요즈음에는 그의 접근법이 근거가 충분하다고 생각하는 사람은 거의 없다. '기초 이론'은 양성자-전자 질량비를 나타내는 간단한 방정식을 추론해 냄에 있어서 대단히 독창적이었다. 또 다른 성공은 미세 구조 상수의 역수의 크기, 무차원 수, 낯익은 분광학, 전자기장과 전자의 상호 작용의 세기 측정을 예언하는 데 있었다. 미세 구조 상수의 역수는 피타고라스의 학설을 신봉하는 어떤 용감한 사람의 야심을 일깨우기에 충분한 자연수, 즉 137에 아주 가깝다.

이목을 끄는 또 다른 에딩턴의 예견은 이장 서두의 인용구가 증명하듯이 우주 안의 소립자의 수였다. 우주의 수는 $N=(3/2).136.2^{256}$, 즉 1과 2분의 1 곱하기 최대한의 에너지 텐서 성분 수 곱하기 256옥타브로, 계수(3/2)를 무시하면 바로 인용된 수이다. N의 크기를 평가하기 위한 단순한 독립 변수를 이해하는 한 그것은 가치가 있다. 그 생각은 만약에 R이 우주의 지름이고 N이 수소 원자의 수라면, 공간적인 위치에서 불확실성은 $\triangle x \approx R/N^{1/2}$이어야 한다는 것이다. 이것은 고전적인 전자 반지름인 $e^2/4\pi\varepsilon_0 m_e c^2$과 같다고 놓을 수 있다. 여기에서 e는 전자의 전하, ε_0는 진공의 유전율, c는 진공 속에서의 빛의 속도이다. 이제 우주의 지름은 R=c/H에 따라 허블 상수 H에 의해 측정된 우주의 확장률과 관계된다. 일반 상대성 이론에 의하면 만약 우주가 둥글고 닫힌 우주라면 우주의 지름은 우주의 총질량 M에 좌우된다. 그래서 만약 별들이 발산하는 빛의 스펙트럼을 보고 실험실에서 관찰된 이미 알고 있는 원소들의 스펙트럼이 갖는 특징과 그 스펙트럼의 특징들을 비교하면 우주에서 단연 가장 흔한 원소는 무엇보다 가장 간단한 수소이다. 따라서 아주 어림잡아서 우주의 총질량은 모든 수소의 질량, 곧 m_H가 수소 원자의 질량일 때 Nm_H이다. 우주의 지름과 그 질량을 결부시키는 기본 관계는 $2GM/c^2=R$이다. 여기에서 G는 중력 상수이다. 이 모든 것을 종합하면 $N^{1/2} \approx e^2/8\pi\varepsilon_0 Gm_e m_H$로, 관찰된 값을 사용하면 10^{39}이라는 많은 차수를 산출한다. 이것을 제곱하면 에딩턴의 수인 N이 된다. 10^{39}이라는 수는 전자와 양성자 간의 중력에 대한 전기 비율의 계수 2 안에 있으며, 기초 상수 $hc/Gm_p m_e$로부터 형성된 또 하나의 무차원의 수와도 비슷함──그것은 중요하거나 그저 기묘한 우연의 일치일 수 있다──을 알게 된다.

이 분야에서의 에딩턴의 업적과 관련해 중요한 것은 현존하는 이렇게 대단히 큰 수, 즉 10^{39}을 발견한 일이다. 그것은 중력의 세기에 대한 전기 비율이고, 그 제곱은 우주의 양성자 수이다. 그것은 여전히 설명을 요하는 수이다. 그러나 그것은 또한 빛이 전자를 가로지르는 데 걸리는 시간에 대한 우주 나이의 비율이기도 하다. 따라서 이 숫자가 시간에 좌우될 가능성이 검토되어야 한다. 우주의 나이는 분명히 시간에 좌우되기 때문이다. 그런 시간 의존도에 대해 논하면서 폴 디랙은 그의 거대 수 가설을 내놓았다. 자연에서 나타나는 어떤 두 무차원의 거대 수는 간단한 수학적 관계에 의해 연결된다. 여기에서 계수들은 차수 항등식이다. 만약 이것이 기본적인 규칙이라면 중력 상수는 시간과 더불어 감소해야 함을 의미할 것이나, 이에 대해 실험에 의거한 아무런 증거도 없으며, 아직까지는 기초 상수 중 시간에 좌우되는 것이 있다는 어떠한 증거도 없다. 어쩌면 과학이 아직도 너무 역사가 짧아서 알아차리지 못하는 것인지도 모른다. 그럼에도 불구하고 변화의 가능성은 실재하는 인자이다. 그러나 시간과 길이의 표준을 규정한 방식 때문에 어떤 양들은 바뀔 수 없다. 시간은 세슘으로 된 어떤 초미세 전이와 관련된 복사선의 주파수의 역수에 의해서 정의되고, 길이는 크립톤-86이 발하는 특정한 빛의 파장에 의해서 정의된다. 이들 발산을 기술하는 기초 상수들에 어떤 변화가 일어나든 크립톤 파장에 세슘 주파수를 곱함으로써 얻어진 양——그것이 속도이다——은 변하지 않을 것이다.

이 무차원 거대 수의 존재에 대한 이해가 가져온 가장 흥미로운 결과는 새로운 활동, '만약?' 물리학('What If' Physics), 줄여서 WIP의 창안이었다. WIP은 "만약 이 수가 실제와 다르다면? 또 왜 디랙의 법칙이 오늘날 그렇게 효력을 잘 발휘하는가?"라고 물었다. 두번째 질문에 대답하면서 로버트 디키는 그것의 광휘(에너지가 복사 에너지로 방출되는 비율)로 나눈 핵에너지의 축적에 의해 결정되는 주계열 성(星) T_{ms}의 수명은 기초 상수들(중력 상수, 빛의 속도, 양성자와 전자의 질량, 그리고 플랭크 상수)에 좌우됨을 증명했다. 더 무거운 원소들, 특히 생명의 기초가 되는 탄소는 좀더 부피가 큰 별에서 별 진화의 나중 단계에만 형성되며, 초신성 폭발에 의해 우주 사방으로 퍼진다. 따라서 우주가 생명을 지탱하려면 그 나이 T_u는 적어도 T_{ms} 차수여야 한다. 모든 별의 핵 용광로가 다 타버리면 생명을 지탱할 별이 남아 있지 않을 것이므로 그것이 심하게 나이가 들어서도 안 된다. 그러므로 우리의 우주는 $T_u \approx T_{ms}$이고, 그래서 당연한 결과로 디랙 조건은 자동적으로 효력을 발하게 된다.

WIP는 물리학에서의 거대 수 합치법이 우리가 존재한다는 사실에 의해 어느 정도 이해될지도 모른다는 의미에서 인간을 우주의 중심에 되돌려 놓는 점에서 주목할 만하다. 별 안에서 어떻게 탄소가 형성되었는지에 대한 프레드 호일의 분석보다 우리 존재가 갖는 극도의 미묘함이 잘 드러나는 곳은 어디에도 없다. 수소가 별 안에서 다 사용될 때 만약에 별이 충분히 크면 수소의 재, 즉 헬륨이 새로운 연료가 되어 탄소로 바뀌는 것이 가능하다. 차후의 모든 핵융합과 거기에서 유래한 생명 일체는 이 단계에 있다. 그러나 우리의 행동 범위가 지구로 한정된 실험실의 핵물리학은 헬륨이 우선 베릴륨으로 변환되고, 베릴륨과 헬륨이 탄소를 형성하지 않으면 직접적인 변환이 너무나 느림을 보여 준다. 그러나 이 마지막 반응이 매우 빠르게 일어나기 위한 상호 작용은 탄소가 7.3667MeV에서 헬륨-베릴륨 준위의 에너지에 근접한 탄소 핵에서의 공명준위를 필요로 한다. 실험은 탄소가 7.656MeV에서 준위를 갖는 것을 나타내는데, 그것은 열에너지가 그 차이를 메우기에 충분할 만큼 근접한다. 아직까지는 좋지만, 탄소는 헬륨과 충돌함으로써 파괴되어 수소를 형성할 수 있다. 여기에서 다시 준위 에너지는 매우 중요하다. 헬륨-탄소 에너지는 7.1616MeV이고, 산소 준위 에너지는 7.1187MeV로 산소 준위가 헬륨-탄소 준위 아래에 있어서 열에너지가 그 차이를 메우기 위해 사용될 수 없으며, 그 결과 탄소는 영속한다. 그런 미묘한 차이로 생명이 가능하다!

세계의 물리적인 구조들은 질적으로 생명의 존재와 일치한다는 전술한 바과 같은 관찰은 우주의 조화에 대한 믿음을 강화한다. 다른 관찰은 이것을 약한 인류학적 원리로 알려진 위엄 있는 원리로 끌어올린다. 그것은 관찰된 우주의 특징이 우리 자신의 존재라는 사실을 부정해서는 안 됨을 주장하는 원리이다. 다른 관찰들은 더욱더 나아가 우주는 생명이 발생하고, 또 이것이 그 목표일 수밖에 없음을 주장하는 강한 인류학적 원리를 가정한다.

이것은 좋았던 옛 방식의 종교에 접해 있다. 그러나 우리는 인류학적 자아상에서 또 다른 단계로 가서 최종적인 인류학적 원리를 가정할 수 있는데, 존 배로우와 프랭크 티플러에 의해서 객관적인 말로 애교 있게 표현된 그 원리는 지적인 정보 처리가 우주에 존재하게 되어야 하고, 일단 존재하게 되면 그것은 결코 소멸하지 않을 것이라고 주장한다.[2] 그렇다고 할지라도 정보 처리가 우주의 위업의 절정임을 암시하는 것은 너무나 심한 겸손이라서 내가 만약 우주라면 나는 어느 정도 분개할 것이다(만약 어쨌든 정보 처리가 〈봄〉과 '쿠블라 칸'[3] · 트리스탄[4] 같은 것들의 창조를 의미한다고 암시한다 해도 별로 누그러지지는 않을 것이다).

WIP는 "만약 우리가 공간이 3차원 이상의 차원을 갖는 세계에서 산다면?" 하는 의문도 검토한다. 만약 n이 차원이고 중력의 역제곱 법칙 $F{\sim}r^{-2}$은 $F{\sim}r^{1-n}$이 되며 $1<n<4$가 아니면 어떤 안정된 행성의 궤도도 있을 수 없음이 파명된다. 따라서 n은 2나 3이 될 수 있다. 파동 전파의 분석은 2차원에서 신호는 왜곡되고, 오직 $n=3$에서만 기호가 왜곡되지 않고 이동함을 보여준다. 광파로부터 신뢰성 있는 정보를 얻을 가능성 없는 우리가 자연에 대해 어떤 이해에 이르게 되기란 설령

---

2) John D. Barrow, Frank J. Tipler, *The Anthropic Cosmological Principle*(Oxford, 1986).
3) 18세기 영국의 낭만주의 시인이자 비평가 새뮤얼 테일러 콜리지의 서사시. 〔역주〕
4) 켈트족의 전설에 기초한 중세 사랑 이야기의 남자 주인공. 〔역주〕

불가능하지는 않다 해도 극도로 어려울 것이다.

"우리는 존재한다는 것이 우리"인 듯하다. 자연의 숫자들이 그것을 보증한다. 그러나 우리는 항상 현재의 우리인 것은 아니었다. 동일한 물리학의 숫자들이 늘 생명을 유지해 왔을지도 모르며 아직은 얼마간 계속해서 그럴 것이지만, 그것은 우리처럼 시작한 지 얼마 안 되는 최근에 나타난 종에게는 비교적 흥미가 없다. 우리가 아는 한 우리 존재가 얼마나 정교한지 의식한 것은 우리가 처음이다. 우리가 정확히 누구 또는 무엇인지 우리는 모른다. 진화생물학에 의하면 우리는 약간의 지적인 예리함을 지닌 침팬지이다. 주된 이유는 어떻게 해서 우리는 침팬지에게는 없는 언어에 대한 본능을 습득했기 때문이다. 우리는 본래의 생육지인 물속 원시 유기체의 협동조합이 자라고 변화하고 땅으로 기어 올라가 직립해 털을 잃고 말을 하기 시작했으며, 《타임스》를 읽는 것을 보아 온 오래되고 불가해한 진화 과정의 최근의 산물이다. 우리는 원생동물·물·벌, 우리의 사촌 침팬지와 함께 뛰어나게 성공적인 유전자 집합을 소유하는 위업을 공유한다. 가능하면 이기적으로 행동함으로써 우리 유전자는 우리가 곤란을 극복하게 했다. 그리고 여기에서 우리는 우리의 운명을 적재한 또 다른 수, 즉 인간 게놈에서의 유전자 수와 조우한다. 아직 정확히 알려지지 않은 수——50,000-100,000 ——이지만 조만간 인간 게놈 프로젝트에 감사하게 될 것이다.

우리의 유전자들은 우리 부모에게서 물려받은 우리의 원자이다. 우리의 부모들은 그것들을 그 부모들에게서 받았으며, 그것은 우리를 부모와, 그리고 조부모와 어딘지 닮아 보이게 만든다. 그것들 대부분은 체내 화학적 성질을 우리를 인간으로 만드는 필수 단백질로 채워진 상태로 유지시키는 일에 전념한다. 그것들과 우리의 의식 생활 사이에 우리 몸을 이루는 모든 세포군체의 안녕을 유지하는 거대한 화학적 영역이 있다. 유전자들은 단백질을 결정한다. 생리화학과 환경(식이요법, 정신적 외상, 정신이상)이 나머지를 결정한다. 결정의 정도는 혼돈적 비선형 역학 체계의 경우와 유사하다. 유전자가 그 모든 것의 원인일지도 모르지만 결과를 예언하기란 불가능하다. 쿼크는 양성자와 중성자를 구성하고, 양성자는 전자 구름을 결정하듯이 화학적 특성을 결정하는 것은 바로 후자이다. 유전자들은 단백질을 결정하고 단백질은 필요한 일을 한다.

그럼에도 불구하고 유전자가 잘못되어 겸상 적혈구 빈혈증 같은 곧 알아볼 수 있을 정도로 유전하는 질병을 일으키면 유례없는 중요성을 획득한다. 우리가 유전자에 대해서 들을 때는 보통 이런 맥락으로, 유전자에게는 어느 정도 공정치 못하지만 유전학적 연구에는 유익하다. 만약 유전적인 질병의 원인이 7번 염색체에서 뉴클레오티드의 순서가 잘못된 것으로 확인된다면, 예를 들어 좀더 연구가 이루어질 수만 있다면 어떻게든 유전적인 치유 희망을 품게 하는 까닭이다. 우리가 유전자에 대해 아는 것의 많은 부분(그리고 그 중 그 기능이 아직도 설명되지 않은 많은 것들이 존재한다)은 푸른 눈의 발생률이나 나이 많은 산모의 아기에게 있어서의 다운증후군의 보급률같이 유전학적으로 결정된 조건과 관계되기 때문에 지능·언어·운동 능력에 관계되는 하나 이상의 유전자가 있다고 생각하는 것은 자연스럽다. 그러나 당신이 자유주의자인지 보수주의자인지, 현재 음악을 좋아하는지 싫어하는지, 신앙심이 깊은지 아닌지 결정하는 유전자는 어떤가? 당신의 얼마만큼이 타고난 것이고, 얼마만큼이 양육된 것인가? 그것은 계속해서 이어지는, 그러나 이제 유전자에 점점 더 중요점을 두면서 이어지는 논쟁이다.

우리는 물리학의 과장된 숫자와 우리 유전자의 창조물이다. 그리고 만약 우리 유전자의 기능이 대체로 불확실하다면, 우리는 그 과장된 숫자들에는 양자 불확정성의 척도인 플랑크 상수가 들어 있음에 주목해야 한다. 그러므로 두 사실 모두 우리가 얼마나 분명치 않은지의 정도를 나타낸다. 플랑크는 원래 고열의 신체가 발하는 복사 에너지의 주파수 의존성을 설명하기 위해서 이제는 유명한 그의 상수를 도입했다. 만약 복사 에너지가 고전물리학에서 추정했듯이 순조롭게 술술 발산된다기보다 덩어리째로 발산되고, 그 덩어리가 복사 에너지의 주파수 f와 비례하여 h가 상수일 때 E=hf라면 그 주파수역은 설명될 수 있을 것이다. 이런 가정이 없이 고전물리학에서는 고주파에서 에너지가 무한히 발산된다——소위 자외선 파탄——고 예측했다. 양자 이론이 탄생했다——에너지는 양자로 도착했다. 플랑크는 양자가 복사 에너지의 경우 광양자로, 소리의 경우 음자로 알려져 있다고 기술하고 있다. 그러나 모든 복사 에너지는 파동과 같기 때문에 양자는 공간적으로 분명치 않아 그 에너지는 적어도 파장 크기만큼의 범위에 퍼져 있었다. 미립자 같기는 하지만 양자는 정확한 위치를 차지하고 있는 고전물리학의 점 입자와는 아주 달랐다. 분명하지 않았다. 게다가 플랑크 상수를 매개로 하여 파장이 운동량과 관계되는 전자들이 파동처럼 행동함이 발견되었다. 양자와 중성자 같은 다른 입자들은 유사하게 행동했다. 물질 자체가 분명치 않았다.

그러면 우주가 그렇기 때문에 분명치 않은 생명만 발생하는가? 아니면 그 행동이 이론을 야기시킨 소립자들로부터 우리처럼, 또 심지어는 우리의 유전자처럼 크기가 동떨어진 어떤 것에다 양자 이론을 적용하는 것이 적절한가? 확실히 그것은 DNA 분자에는 적용된다. 그럼 크기 제한이 있나 없나? 양자 효과는 보편적이지만, 서로 영향을 미치는 많은 소립자들이 있을 때는 양자 효과가 종잡을 수 없게 되어 원칙적으로 크기 제한은 없다는 것이 일반적인 시각이다. 고전물리학에 의하면 비간섭성 효과는 큰 물체를 행동하게 만든다. 그럼에도 불구하고 그것들이 물질의 특별히 독특한 다른 특성, 곧 정신과 연결될지도 모름을 몇몇 사람들에게 암시하는 양자 세계의 특별히 독특한 특성은 있다. 그것 참 그럴듯하지 않은가?

9

양자의 불가사의한 힘

정말 무한한 실체는 눈에 보이지 않는다.

스피노자, 《윤리학》, 명제 13

단일성(Oneness)에 대한 환상이 수리물리학자들을 자극한다. 그들은 한편으로는 다수의 소립자에, 다른 한편으로는 다수의 힘에 감정이 상한다. 물질의 표준 모형을 상기해 보면 렙톤과 쿼크, 반(反)렙톤이 있다. 그리고 네 가지 상호 작용이 있다――글루온이라는 자신의 양자로 쿼크를 구속하는 강한 힘, 매개 벡터 보손이라는 고유의 양자를 가지고 방사능에 의한 붕괴에 관계하는 약한 힘, 망양자라는 자신의 양자를 갖는 전자력, 중력자라는 자신의 양자를 갖는 가장 약한 힘인 중력. 물질의 소립자들은 h가 플랑크 상수일 때 기본 단위 $\hbar\,(h/2\pi)$의 반정수만큼의 각운동량으로 돌며, 같은 무리의 소립자가 역스핀을 갖기만 하면 같은 무리의 소립자와 동일한 역학적 상태로 존재할 수 있다. 이 배타 원리의 결과 그것들은 엔리코 피르미와 폴 디랙이 분석한 통계대로 움직이며 뭉뚱그려서 페르미 입자로 알려진다. 4힘과 관련된 양자들은 서로 다르다――그것들은 정수 스핀이고, 배타 원리에 따르지 않는다. 그것들의 통계는 S. N. 보스와 아인슈타인의 통계이며, 그것들은 보손이라 불린다.

그런데 이 페르미 입자와 보손의 심한 과잉은 견딜 일이 아니다. 확실히 이 사태는 타락의 결과이다. 확실히 한때에는 페르미 입자와 보손이 하나의 완벽한 신의 소립자인 테온(Theon) 안에 단지 가능성으로만 있던 에덴 동산이 있었다. 확실히 우주 생성 때의 대폭발은 테온이 그 영광을 드러내고 세계를 창조한 때였다. 그리고 자기들의 진화를 신에게로까지 추적하기 위해 테온이 물려준 자기들의 합리성을 이용하는 것이 테온의 자녀들의 경건하고 외경심을 나타내는 의무가 아닌가?

그러나 일치를 추구하다 보면 큰 것과 작은 것을 가르는 거대한 틈을 연결하는 교량 역할을 해야 한다. 큰 것에 대한 우리의 연구는 우리에게 중력을, 작은 것에 대한 연구는 양자 이론을 낳았다. 아인슈타인의 일반 상대성 이론은 중력과 시공을 하나로 결합하고, 시공은 양자의 세계를 포함하여 모든 것에 고루 미친다. 그러나 두 이론들——거시적인 것에 대한 중력 이론, 미시적인 것에 대한 양자 이론——은 아주 별개이다. 이것은 어떤 혈기 왕성한 물리학자에 의해서도 받아들여질 수 없다. 그래서 양자 중력 이론에 대한 탐색이 현대 기초물리학의 가장 시급한 과업이 되었다. 일단 발견되면 그것은 16세기까지 거슬러 올라가는 자연에 대한 연구에 있어서 더없는 영광이 될 것이다. 그러나 새로운 이론이 새로이 관찰할 수 있는 현상을 예언하는 한 그것은 물리학이지 수학적인 신학은 아닐 것이다.

양자 이론의 직관에 의하지 않은 성격이 이 과업을 더 쉽게 하는 것은 아니다. 그 법칙들이 보편적으로 적용되는 것은 바로 물리학의 교의이며, 달리 암시할 아무런 경험적인 증거도 없다. 수소가 발하는 빛의 스펙트럼은 여기 지구와 태양·별에서 같고, 그 스펙트럼은 양자 이론에 의해 훌륭히 설명된다. 양자 이론은 가장 멀리 있는 별에서의 사건들, 지구의 사물, 또 우리의 신체와 유전자에 보편적으로 적용할 수 있다. 그러나 현대 물리학의 중요한 역설은 양자 이론은 어떠한 사실도 설명할 수가 없다는 것이다!

양자 이론의 수리적인 기술은 이렇다. 모든 물리 체계는 인습적으로 ψ으로 표시되는 수학 함수로 전부 기술되며, 파동 함수 또는 상태 함수로 불린다. 이 함수는 물리 체계를 특징짓는 다양한 역학적 변수들의 함수이며, 그 체계에 대해 만들어질 수 있는 측정 결과의 확률을 드러낸다. 그 체계가 우주의 다른 부분(어떤 측정 장치를 포함해서)과 고립된 채로 있는 한 그것은 시간에 고착된 채 있거나 슈뢰딩거 파동 방정식에 따라 결정론적 방식으로 발전한다.

이 방정식은 에너지에 대한 고전적인 방정식 $E=T+V$에서 유래했는데, 여기에서 T는 운동 에너지이고 V는 잠재 에너지이다. 운동량 P(x, y, z를 성분으로 하는 벡터임을 표시하기 위해 진한 글씨로 씀)의 점에서 보아 단 하나의 소립자에 대한 방정식은 $E=(p^2/2m)+V$로, m은 소립자의 질량이다. 슈뢰딩거는 이것을 단순히 P와 E를 대수학의 양을 나타내는 기호 대신 미분 운산 부호로——특히, i가 -1의 제곱근이고 $\hbar$가 2π로 나눈 플랑크 상수일 때 $Px=-i\hbar\partial/\partial x$, $E=i\partial/\partial t$로 정의함으로써 파동 함수를 위한 미분 방정식으로 전환했다. 그러면 그의 방정식은 1차원으로 해석된다.

$$\left(-\frac{-\hbar^2}{2m}\frac{\partial^2}{\partial x^2} + V\right)\psi = i\hbar\frac{\partial\psi}{\partial t}.$$

이것은 파동 함수의 시간 전개와 체계의 동역학적 · 잠재적 에너지의 양자역학적 표현간의 관계를 수반한다. 만약 있음직한 가치들 q_1, q_2, q_3 등을 갖는 역학량으로 측량이 이루어져 있다면, 파동 함수는 관

찰 가능한 것의 가치가 $|\Psi(q_i)|^2$의 확률을 갖는, 말하자면 q_i인 상태로 붕괴된다. 이 붕괴가 일어나는 방식은 기술되지 않는다. 슈뢰딩거 방정식에서 행동 양자의 외양, $\hbar$, $(h/2\pi)$, 그리고 -1의 제곱근은 역학의 비고전적인 성격을 강조한다.

상기의 수식은 지금까지 연구된 모든 상대적이지 않은 양자 입자 현상을 정확히 기술한다. 닐스 보어는 이것이 **완전한** 기술을 하며, 파동 함수의 붕괴는 단순히 거시적인 수단을 사용하고 고전물리학의 개념들을 사용해서 초현미경적인 세계를 탐구하려는 시도의 결과라고 주장했다. 양자 입자가 무엇이든 그것은 일정한 위치와 일정한 운동량을 갖는 고전적인 소립자로 간단히 간주될 수는 **없**을 것이다. 측정은 원래 측정되고 있는 것을 방해했다. 하이젠베르크의 불확정성 원리는 위치 q와 운동량 p 같은 소위 공액 변수에 적용되어, 만약 $\triangle$가 불확정성을 의미한다면 $\triangle q \times \triangle p \geq h$이다. 여기에서 h는 플랑크 상수이다. 양자 입자가 측량과 무관하게 일정한 위치와 일정한 운동량을 갖는 것으로 생각해 봐도 소용없었다. 이론은 고전적인 역학량의 측정 결과 및 관계를 기술하기 위한 수학적 도구일 뿐이었다. 관찰이 행해지기 전에 소립자가 이런 양을 갖는다고 믿는 것은 정당화되지 않았다. 이 실용주의적이고 실증주의적인 접근법은 코펜하겐 해석으로 알려지게 되었다.

아인슈타인은 이것을 결코 받아들이지 않았다. 그에게 물리학의 요점은 지역적인 힘의 영향을 받는 소립자들의 결정론적인 움직임에 의해 역학의 세계를 기술하는 것이었다. 공간에서 일정한 위치와 특정한 시간에 일정한 운동량을 갖지 않는 소립자를 생각하는 일은 도저히 이해되지가 않았다. 그런 식으로 소립자의 역학을 기술할 수 없는 양자 이론은 따라서 불완전했다. 초현미경적인 현상을 기술하는 데 성공하는 한 그것은 단 하나의 소립자가 아니라 소립자들의 집단을 기술하는 것으로 간주되어야 했다. 다시 말해서 그것은 통계적인 이론이었는데, 통계는 여느 때와 마찬가지로 초현미경적으로 작용하는 세부 구조에 대한 무지를 숨겼다.

양자 이론은 전자를 고전적인 소립자로 보기보다 파장의 범위를 갖고 공간에 퍼져 있는 파동다발로 보았다. 빛의 파동적인 성격에 대한 실험실 시범에서 낯익은 겹실틈 실험은 파동 같은 전자의 성격에 대한 모범이 되는 경험적 증거가 되었다. 전자 살다발은 각 전자마다 같은 속력을 갖도록 준비되고, 따라서 동일 운동량과 동일 파장이 세로로 길게 베어 놓은 두 개의 틈이 있는 스크린 위에 투사된다. 스크린 너머에는 전자가 와서 부딪히면 빛을 발하는 (바로 텔레비전 수상기에서 일어나는 것처럼) 표면에 형광체를 입힌 또 다른 스크린이 있으며, 이것은 간섭 양식을 보여준다. 통계 이론은 그 양식이 개별 전자의 파동 같은 성격에서 온 것이 아니라 전자와 전자 간의 어떤 종류의 상호작용에서 온 것이라고 암시할지도 모른다. 실험은 전자 살다발의 강도가 줄어들어서 평균해서 한번에 오직 한 개의 전자만 두 틈새에 투사될 때조차 간섭 양식이 나타남을 보여준다. 빛으로 한번에 오직 하나의 광양자만 있는 동일한 실험을 할 수 있다. 전자와 광양자들은 똑같이 외관상으로는 고유한 파동 같은 성격을 공유하지만 검파될 때는 소립자로 행동한다. 우리의 거시적인 실험에서는 아무것도 그런 상호 모순된 방식으로 행동할 수 없다.

완전한 이론은 물리적 실제가 갖는 모든 요소를 포함해야만 하며, 따라서 양자 이론은 불완전하다는 주장을 입증하기 위한 유명한 사고(思考) 실험이 1935년에 아인슈타인(Einstein)과 포돌스키(Podolski), 로젠(Rosen)(이후로 EPR이라 칭함)에 의해 제안되었다.[1] 물리적 실제가 갖는 요소라는 생각에 부여된 의미는 그것이 체계를 교란하는 일 없이 다른 실험 결과들로부터 확실히 예언할 수 있는 물리적인 양과 부합한다는 것이었다. 그것들은 $x=0$에서 상호 작용하고 같은 힘으로 반대 방향으로 작용하는 운동량에 의해 흩어지면 즉시 상호 작용을 멈추는 두 소립자의 체계로 간주되었다. 얼마 후 소립자 1의 운동량은 p_1임이 측정된다. 그러면 소립자 2의 운동량은 $-p_1$임을 확실히 추론할 수 있다. 또 다른 실험이 실행되었지만 이번에는 소립자 1의 위치가 x_1임이 측정된다. 소립자 2는 $-x_1$임을 확실히 추론할 수 있다. 이런 식으로 운동량도 위치도 소립자 2를 교란하지 않고 확인되었던 소립자 2와 관련된 실제의 요소들로 밝혀졌다. 그러나 양자 이론은 그런 요소들이 존재함을 부정하며 별개의 두 실험이 필요함을 지적한다. 이런 이의를 예견한 EPR은 여기에서 암시하는 것은 동시에 존재하는 물리적 실제가 갖는 요소들은 다만 그것들이 동시에 측정되거나 예보될 수 있다면 그럴 뿐이라는 주장임을 지적했다. 그렇다고 하면 EPR의 논증은 부족하다. 운동량이나 위치가 측정될 수는 있지만 둘 다 동시에 측정될 수는 없는 경우임이 확실한 까닭이다. 그래서 EPR은 실제에 대한 정의를 비합리적인 것으로 처리한다. 소립자 2의 위치와 운동량의 실제는 아무리 두 소립자가 떨어져 있다 할지라도 소립자 1에 대해 무슨 측정이 실행되었는지에 좌우될 것이기 때문이다. 그러므로 양자 이론은 불완전하다.

ERP의 논증과 그들의 결론은 일단 분리된 두 소립자는 상호 작용을 멈춘다는 가설에 기초한다. 이 가설은 무효로 판명된다——교란되지 않은 양자 체계는 본질적으로 국소적이지 않고 전체론적이다. 이렇게

---

1) 양자 이론에 있어서의 기본 쟁점들에 대한 포괄적인 설명을 Max Jammer, *The Philosophy of Quantum Mechanics*(New York: John Wiley, 1974)에서 볼 수 있다.

소립자 1의 운동량 수치가 소립자 2의 운동량을 즉시 결정하지만 어떤 명확한 위치도 어느 한 소립자에 할당될 수 없다. 하나와 다른 하나에 대한 측정이 일어나야 비로소 운동량과 위치에 어떤 의미가 부여될 수 있다. 이런 비국소적 특성은 미터 체제의 거시적 거리를 넘어서까지 실험실에서 충분히 확인되곤 했다. 물질의 파동 소립자 이중성은 아마도 고전적인 파동 다발의 특성을 관찰함으로써 과도한 개념상의 외상없이 동화될 수 있을 것이나, 양자 체계의 전체론적이고 비국소적인 성격은 그 충격을 경감시킬 아무런 고전적 위약(僞藥)도 없다.

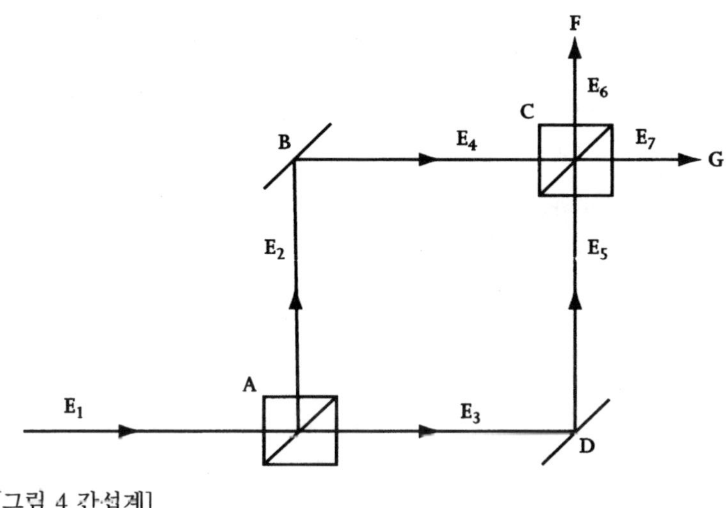

[그림 4 간섭계]

그림 4에서 도표로 제시된 간섭계를 사용하여 비국소성에 대한 간단한 현대의 증명을 할 수 있다(곧 개념적으로 간단한——어떤 실험물리학자라도 알고 있듯이 실제로 간단한 것이란 없다). A와 C는 선속 분할기이고, B와 D는 45도 반사경이다. 단색광의 조준된 전자 살다발이 왼쪽으로 들어와서 A에서 두 부분으로 쪼개어지고, B나 D에서 반

사해 C에서 다시 쪼개진다. 그 출력은 F와 G에서 탐지된다. 일반적으로 관찰된 것은 팔길이 ABC와 ADC의 차이, 반사 및 투과 계수들의 크기, 반사 및 투과중의 위상 변화, 그리고 흡수와 분산 같은 손실 과정에 좌우되는 간섭 양식이다.

일을 간단히 하기 위해서 우리 목적에 이상적인 수단을 갖고 있는 것으로 가정하기로 하자. 이것은 간섭계가 아주 이상적이어서 팔 사이 경로에 길이 차이가 전혀 없고, 빛의 방향이 바뀌는 일이 반사 및 투과 계수에 영향을 주지 않는다는 의미에서 선속 분할기가 대칭을 이루며, 그것들이 이들 계수의 크기가 동일하도록(50/50 선속 분할기) 고안되고, 거울 B와 D는 완벽한 반사체이며, 기계 장치 어디에서도 흡수 및 산란에 의해 조금의 빛도 상실되지 않는다는 것을 뜻한다.

사실 무슨 일이 일어나는지를 정확하게 기술하는 고전적인 기술은 이런 식으로 진행한다. 빛은 그 진폭이 전자장 E와 위상각 ø에 의해서 기술된 전자파이다. 만약에 들어오는 파가 E_1이라는 진폭을 갖는다면 우리의 이상적인 선속 분할기의 특성이 E_2와 E_3가 동일한 진폭을 갖지만 바로 $\pi/2$에 의해 위상이 다름을 측정한다. 더 나아간 위상 변화가 거울 B와 D에서 일어날 것이지만 두 거울은 동일하기 때문에 E_4와 E_5 간의 위상 차이는 여전히 $\pi/2$이다. C에서 또 반사되고 투과된 광선들간에 $\pi/2$의 차이가 도입된다. E_6의 경우에 이 여분의 위상 차이가 추가되고, 그래서 반사된 부분 E_4는 π에 의한 투과된 부분 E_5와 더불어 위상 밖에 있다. 이것이 파괴적인 간섭의 조건이고, 따라서 어떤 신호도 F에 의해 기록되지 않는다. E_7의 경우, 투과된 부분 E_4와 반사된 부분 E_5가 위상 안에 있도록 여분의 위상 차이는 공제한다. 이것은 건설적인 간섭 조건이며, G는 신호를 기록한다. 고전적인 파동 이론은 무슨 일이 일어나는지를 아주 만족스러운 방식으로 설명한다.

이제 양자 이론의 관점에서 그 실험을 검토해 보라. 우리는 전자기 에너지가 광양자라고 하는 다발로 전도됨을 안다. 고전적인 실험 결과는 ABC 경로를 따르는 광양자와 ADC 경로를 따르는 광양자들 간의 간섭에서 야기된 것으로 파악될 수 있다. 이것은 투사된 빛의 강도를 줄임으로써 한번에 하나 이상의 광양자가 간섭계에 있는 기회를 줄임으로써 시험될 수 있다. 불행히도 통상적인 단색광의 광원에서 광양자가 무질서하게 생산되는 것으로는 필요한 조건을 납득할 수 있는 방식으로 얻기 어렵게 만들어서, 확실히 책임지고 한번에 오직 하나의 광양자만 장치를 통과하게 하기 위해 여기에서 기술할 필요는 없는 특별한 기술이 사용되어야 한다. 하나의 광양자들이 많이 통과한 후 축적한 중요한 결과는 고전적 결과와 일치한다. 간섭은 광양자 한 개의 효과이다.

만약에 광양자를 종래의 소립자처럼 간주하면 이 현상은 이해할 수 없다. 그것은 광양자가 어떻게든 양쪽 경로로 동시에 이동해야만 이해할 수 있다. 그러나 만약에 검출기를 한쪽에 끼워 놓으면 그것이 때때로 하나의 광양자를 차단할 것이지만 검출기가 있음으로써 간섭을 못하게 한다. 그것은 F의 평균 출력이 G의 평균 출력과 같다는 의미이다. 분명히 광양자는 측정 장비와 전체론적으로 상호 작용한다. 경로가 나머지 환경과 격리된 상태라면 간섭계는 원하는 크기가 될 수 있다. 놀라운 일은 양자의 비국소성이라는 사실뿐만 아니라 그것이 미시적인 차원에 제한되지 않는다는 사실이다.

마찬가지로 충격적인 것은 관찰 행위가 실제의 요소들을 결정한다는 생각이었다. 이것은 객관적 실제에 대한 전체적인 생각을 의문시하는 듯이 보인다. 그것은 세계에 대한 우리의 이해를 확실히 수정했으나, 비록 파동 함수의 붕괴에 대한 초기의 분석이 불행히도 정신의 역할을 지나치게 강조하는 경향이 있긴 했지만 급진적인 주관주의가 받아들여질 정도까지는 아니었다.

폰 노이만과 위그너 때문에 초기의 이론은 하나의 불가사의를 다른 불가사의와 연결시키고, 그 붕괴가 관찰자의 생각에 의해 유발된 것으로 제시했다. 이것은 바로 마법적인 사상으로의 회귀였다. 약한 방사성의 광원이 있고, 언젠가 (무작위로 발생하는) 방사능의 붕괴를 배출한 적이 있는 치명적으로 유해한 가스가 탐지되는 불투명한 상자 속의 고양이를 상상해 보라. 이런 상황하의 그 고양이에 대한 정확한 양자역학적 기술은 두 파동 함수——하나는 살아 있는 고양이에 대한 것이고, 다른 하나는 죽은 고양이에 대한——의 1차적 중첩인 파동 함수이다. 이제 관찰자가 상자의 뚜껑을 들어올리고는 그 고양이가 살아 있는지 죽었는지 본다. 고양이는 살아 있으면서 죽어 있을 수는 없기 때문에 파동 함수는 둘 중 한 성분으로 즉시 붕괴한다. 죽은 것과 산 것의 중첩인 양자역학적 상태에 있는 고양이에 대한 생각이 당연히 슈뢰딩거를 괴롭혔으며, 순전히 바라보기만 함으로써 파동 함수가 죽거나 산 것으로 붕괴되는 것을 상상하기란 훨씬 더 괴로운 일이다. 믿을 수 없는 일이다!

정확히 언제 파동 함수가 치수로 붕괴되는가 하는 의문이 생긴다. 언제 측정 장치의 바늘이 명확한 표시 도수를 기록하는가? 또는 언제 실험자가 표시 도수에 주목하는가? 또는 언제 실험자의 지도교수가 공책을 읽는가? 또는 언제 보고서가 발표되고, 과학 공동체에 의해 읽히는가? 최종적인 대답은 흥미를 갖고 있으나 확실히 지금까지는 믿을 수 없이 순진한 사회학자에게 상당한 호소력을 가질 것이라고 나는 감히 말한다.

측정과 암암리에 관찰자가 담당하는 부분은 진지한 문제를 부과했

으며, 계속해서 부과한다. 내심으로 우리는 어린 시절부터 적어도 질
적으로는 고전물리학 세계의 움직임에 익숙하다. 고전의 세계는 실제
세계이다. 그러나 고전 세계의 모든 물질이 이루어져 있는 양자 이론
에 의해 정확히 기술되는 초현미경적인 세계 역시 있다. 어쨌든 고전
의 세계는 양자의 세계로부터 자연스럽게 등장한 것으로 보임에 틀림
없다. 그러나 현재의 이론에 의하면, 그것은 양자의 세계가 갖는 전체
론적인 성격이 파동 함수의 붕괴와 더불어 사라지고 명확하게 한정된
사건이 발생하는 측정을 통해서만 그럴 뿐이다.

그러나 명확하게 한정된 사건들은 어떤 측정 과정이 없어도 발생한
다. 이것은 특히 천체물리학과 우주론에 대한 문제로, 거기에서는 전
우주에 걸쳐 어떤 관찰자도 없으며, 또 은하수가 생겨나온 대폭발 때
에도 분명 아무도 없었다. 확실히 양자 우주론은 측정이 유도한 파동
함수의 붕괴에 관한 여러 가지 번잡한 절차를 담을 수 없다. 이 문제
에 대한 하나의 극단적인 접근법이 휴 에버렛 3세에 의해 취해지고,
존 휠러의 지지를 받았다. 그것은 코펜하겐 해석을 대신해서 프린스
턴 해석으로 불릴 수 있었을 것이나, 그보다도 다세계 해석으로 알려
지게 되었다. 요점은 파동 함수의 붕괴를 떼어 버리는 일이다. 파동 함
수는 언제나 그것의 전개를 기술하는 슈뢰딩거 방정식으로 근본적인
존재론적 의미가 부여되며, 그것이 내포하는 모든 잠재적인 사건들은
언제나 존재한다. 우주는 하나뿐이다. 어떻게든 우리는 정신을 관찰
함으로써 우리가 알고 있는 작은 부분을 포함해서 그 어떤 부분도 결
코 붕괴하지 않는 이 우주적 파동 함수의 진화하는 부문 하나를, 오직
하나만을 알게 된다. 다른 정신 자세는 다른 진화하는 부문을 깨달을
수 있을지 모르나 그것들과의 어떤 소통도 있을 수 없다. 이 이론은 물
리학이라기보다는 형이상학이다. 저 밖의 우주는 우리와 무관하게 존

재하는 객관적인 우주이지만, 우리는 그 진화의 한 양상만을 깨달을 수 있을 뿐이다. 때때로 이것은 다세계 해석으로 일컬어진다.

에버렛의 이론을 기분 좋게 생각하는 물리학자는 거의 없다. 그들은 그것의 정신적·물질적 특질을 공유하는 특색을 성가셔 한다. 그럼에도 불구하고 붕괴하는 파동 함수의 개념을 포기하는 그 견해는 우주론적인 맥락에서 여전히 관심을 끈다. 다세계 이론에 대한 드위트의 해석은 아주 객관적이다. 그는 측정과 같은 성질의 상호 작용이 끊임없이 발생하며, 상호 작용중에 어떤 지점에서 우주가 실제로 분열해서 각 부문이 상호 작용의 가능한 결과의 하나로 된다고 추정한다. 우리는 그 부문 중 하나의 일부이다. 분열이 발생하는 지점을 결정하는 것은 여전히 의문으로 남아 있다.

겔만과 하틀은 우주 생성 때의 대폭발 시기를 최초로 결정한 과거의 견해를 환기시킴으로써 최근에 이 접근법에 수정을 가했다.[2] 만약 우주에 대해 미세하게 정의한 관점이 채택된다면 이들 과거의 일들은 시종일관하고, 통상적인 양자 이론이 기술하는 모든 간섭 효과와 잠재적인 사건들을 드러낸다. 거칠게 정의된 수준에서는 과거의 일들은 시종일관하지 않고 유사 고전적으로 기술될 수 있는 실제 사건들에 의해 이 시종일관하지 않음을 드러낼 수 있다고 추정한다. 기본적으로 그들은 전통적인 양자 이론은 거칠게 정의된 수준에서는 무너지고, 오직 미세하게 정의된 수준에서만 유지된다고 추정한다. 이것이 일어나기 위해서 어떤 크기의 입자화가 있어야 하는지는 여전히 의문이지만, 우주적인 크기는 아닐지도 모른다——물리적 상황에 좌우될 것이다.

파동 함수의 붕괴를 억제하는 이 모든 이론들이 이런저런 점에서

---

2) Murray Gell-Mann, *The Quark and the Jaguer*(New York: W. H. Freeman, 1994).

―――정신적인 자각 또는 실제적인 분기(分岐), 또는 거친 정의의 시종 일관성 결여라는 점에서―――파동 함수를 되살려 내야 함은 분명하다. 또 다른 접근법은 파동 함수의 붕괴를 실재하는 물리적인 사건으로 받아들이고, 그것을 본보기로 삼으려는 것이다. 가장 초기 사상의 하나가 데이비드 봄의 사상으로, 그는 불가피하게 크고 돌이킬 수 없이 고전적인 측정 장치와의 어떠한 상호 작용도 슈뢰딩거 방정식을 수정하는 상호 작용의 결과로서 파동 함수에 무작위 위상 인자를 도입하는 것을 가정한다.[3] 이 무작위 위상 인자들은 많은 측정을 평균하여 양자 체계 특유의 파동 같은 간섭을 무효화시켜 고전적 확률을 결정하는 파의 강도만을 남긴다.

붕괴를 설명하는 또 하나 좀더 급진적인 접근법은 지라르디·리미니·웨버의 접근법이다. 그들은 슈뢰딩거의 방정식은 불완전한 것으로 추정하고, 10^{16}s마다 한번의 비율(대략 10^9년마다 한번)로 0.1μm차원의 영역으로 파동의 자발적인 위치 측정을 서술하는 조건을 도입한다. 이 과정은 미시적 체계에서는 사실상 탐지할 수 없을 것이나, 거시적 체계에서는 세제곱센티미터당 10^{23} 소립자로 눈에 띌 것이다. 원칙적으로 이 생각은 시험할 수 있지만 실제로는 적어도 오늘날의 역량으로는 가능하지 않다.

좀더 최근의 생각은 중력 효과와 파동 함수의 붕괴를 관련시킨다. 로저 펜로즈는 분기한 파동 함수에서 구현된 다른 가능성은 서로 다른 질량 분포와, 그로 말미암아 일반 상대성 이론에서의 관계를 매개로 서로 다른 시공의 결합 구조를 암시함을 지적한다.[4] 더 큰 질량이 관

---

3) David Bohm, *Quantum Theory*(Englewood Cliffs, N. J.: Prentice-Hall, 1951).
4) Roger Penrose, *Shadows of the Mind*(Oxford, 1994).

련될수록 효과도 더 크고 더 빨리 정확한 선택이 이루어진다――확실히 세계는 다수의 시공에 대처하지 못한다. 이것은 양자 효과와 일반 상대성 이론에서의 효과를 관련시켜 생각한다. 불행히도 양자 이론을 일반 상대성 이론에 통합시키는 문제는 여전히 난제이다. 우리는 이미 가상의 소립자로 기운이 넘치는 진공이 제기하는 문제를 언급했었다. 우리에게는 일반 상대성을 통합하는 양자 이론이 없기 때문에 펜로즈의 소견을 실제로 시험해 볼 수가 없다.

의견의 일반적 이론 풍토는 파동 함수의 붕괴는 양자와 고전 체계의 접촉면에서 실제로 일어나는 일을 편의에 따라 요약한 것일 뿐이라고 해야 한다. 그런 붕괴는 결코 실제로 일어나지 않는다. 실제는 훨씬 더 포착하기 힘들어서 양자 이론 자체에 대한 확대를 요구한다.

코펜하겐 해석을 포함해서 양자 이론에 대한 모든 해석은 실험 자료를 다루는 규칙을 제공하는 일반적인 것 이상의 이론 수학에 의해 양자 현상을 기술한다. 이 현상들 배후에 있는 것은 상상할 수 없는 것으로 간주된다. 스티븐 호킹이 좋은 예를 제시한 도움이 되는 접근법[5]은 우리에게는 완벽한 수학 이론이 있는데, 더 이상 무엇을 원하느냐고 말하는 것이다. 이 자세는 사물을 스스로 존재하며 가까이에서 작용하는 분명한 힘에 반응해 일정한 경로를 따라 움직이는 것으로 보는 한 고전물리학의 자세와 상충한다. 그러나 사실 개념 도구주의자적 견해는 뉴턴이 오래전에 중력에 대한 그의 수학적인 기술에 채택한 것――일정 거리에서의 작용 결과는 기술은 되지만 설명은 되지 않는다――에 지나지 않는다. 그럼에도 불구하고 지구가 중심에 있다는 데에 기

---

5) Stephen Hawking & Roger Penrose, *The Nature of Space and Time*(Princeton, 1996).

초한 행성의 움직임에 관한 프톨레마이오스의 이론은 놀랄 만큼 정확하지만 어느 누구도, 심지어는 자칭 개념 도구주의자들조차도 그것이 현실을 진실되게 표현한다고 생각지 않는다. 내가 지적했듯이 양자적 의견을 아인슈타인은 질색했다. 그는 그것이 물리학과 무관하다고 믿었다. 이것은 데이비드 봄에게 직접적으로 영향을 미친 견해로, 그는 1950년대에 처음 발표되었을 때 많은 비판을 받았음에도 불구하고 오늘날에도 여전히 생명력을 갖는 '숨은 변수' 모형을 밝혔다.

봄의 접근법의 기본 형이상학은 다른 모든 이론에서와 마찬가지로 파동 함수가 아니라 고전적인 궤적을, 하지만 양자 역학적 퍼텐셜[6] Q에 의해 성격을 규정하는 비고전적 분야에 의해 결정된 궤적을 추구하는 소립자이다.[7] 봄은 이 퍼텐셜을 파동 함수와 그것의 공간적 의존 관계와 관련시켜 설명하고는 이 새로운 퍼텐셜이 고전물리학의 해밀턴-야코비 방정식에 의해 양자 소립자의 움직임을 결정하는 통상적인 고전적 중력의 퍼텐셜 또는 전자기에 추가될 뿐임을 밝힌다. 사실 고전적인 방식으로 들어가는 조건은 Q는 무시해도 좋아야 한다는 것이다. Q를 무시할 수 없으면 소립자의 움직임을 양자 헤밀턴-야코비 방정식에 의해 결정되며, 파동 함수는 슈뢰딩거의 방정식에 따라 전개한다.

봄의 접근법의 핵심은 양자 소립자가 일반적으로 두 분야——하나는 만약 존재한다면 통상적인 고전적 분야, 또 하나는 항상 존재하는 새로운 양자역학 분야에서 고전적인 궤적을 따른다고 여기는 것이다. 간섭과 비국소성을 포함해서 모든 양자 현상은 설명될 수 있다. 그 접근법은 양자 이론에 의해 도입된 파동은 소립자를 유도하는 선도(先

---

6) 물질의 위치를 변화시킬 때 소모되는 힘의 크기를 위치 함수로 나타낸 양. 〔역주〕
7) David Bohm & B. J. Hiley, *The Undivided Universe*(London: Routledge, 1993).

導) 파동이라는 루이 드 부로이의 사상과 밀접한 관계가 있다. 봄의 이론에서 움직임을 결정하는 것은 바로 양자 퍼텐셜이지만, 이것 자체는 파동에 의해 정의된다. 더욱이 그 파동은 실험 장비에 의해 정의된다. 그래서 겹실틈 실험에서 Q는 전자를 밀어넣는 공간적인 방식을 취하고, 바야흐로 전자는 정확하게 간섭 방식을 드러내도록 전 전자들을 이끄는 방향으로 틀림없이 이 틈이나 저 틈으로 통과한다.

때로는 인과적 해석이라 불리는 봄의 이론은 또한 측정시 파동 함수의 명백한 붕괴를 설명할 수도 있다. 측정의 의미는 대상의 성질만을 관찰하는 고전적인 것이 아니라 표준적인 해석에서처럼 대상과 측정 장비의 결합 체계가 갖는 잠재적 가능성에 따라 좌우된다. 상호 작용을 하는 동안 파동 함수의 다양한 성분들이 중복되고 간섭할 것이며, 양자 퍼텐셜은 아주 복잡해서 소립자가 들어올 많은 경로를 제공할 것이다. 소립자의 시작 조건에 따라 하나의 경로가 채택되고, 이것이 Q를 바꿀 것이다. 만약 소수의 소립자만이 연루된다면 비활성의 경로가 여전히 중복될 수 있고, 그 결과는 뒤바뀔 수 있다. 그러나 만약에 측정 장치가 보통 그러하듯이 엄청난 수의 소립자를 포함하는 거시적인 체계이면 경로의 복잡성과 다양성은 너무나 커서 차후의 중복은 도저히 있을 것 같지 않고, 선택한 경로는 변경할 수 없게 된다(이 설명은 봄의 무작위 위상 인자들을 상기시킨다). 어떠한 파동 함수의 붕괴도 수반되지 않는다. 양자 입자들의 궤적이 최초의 조건과, 양자의 퍼텐셜을 결정하는 거시적인 물체의 성격에 의해 결정되기 때문에 실제 사건들이 일어난다.

봄과 다른 사람들에 의한 양자 이론의 해석에서 드러나는 세계의 그림은 분명히 구별되는 개별 물체들로 된 낯익은 세계의 근저에 있는 엄청나게 복잡한 전체론적인 양자 기층을 갖는다. 어느 모로 보나 이 양자 기층은 전체에 관한 정보를 담고 있다. 홀로그램의 어떤 작은 부분도 홀로그램을 만들어 낸 원래의 물체에 관한 정보를 내포하는 것과 마찬가지이다. 봄이 사용한 전문 용어로 말하면, 양자의 세계는 고전적인 크기의 물체 안에 일목요연하고 명백해지는 내포된 질서를 만들어 낸다. 세상 사물들의 연계성은 오랜 마법적 사상이다. 좋았던 옛 사상은 결코 사멸되지 않는 듯하다!

그럼에도 불구하고 여기 우리에게 이론물리학에서는 아주 기묘한 것이 주어진다. 보어의 공리적인 해석과 다른 모든 해석 간에 엄청난 개념상의 틈이 있다. 코펜하겐 해석이 우리가 알 수 있는 것에 대해 오컴의 면도날적 관점[8]에 스스로를 국한시키는 한 그것은 인식론적인 이론——파동 함수와 역학적 변수들은 아무런 객관적인 실제도 없다——이다. 다른 해석들은 파동 함수에 객관적인 실제를 부여하는 점에 있어서 존재론적이며, 또 이것으로부터 파동 함수의 붕괴와 관계된 모든 문제들이 발생한다. 여기에서 정력적인 믿음은 양자 이론이 우주 어디에서나 적용 가능하고, 그로부터 낯익은 고전적인 세계가 자연스럽게 드러나야 하는 수리물리학의 이론이 되어야 한다는 것이다. 데스파냐[9]와 옴네스[10]가 좋은 예를 보여준 고도로 수리논리적인 접근법에서는 양자 이론이 그로부터 우주의 물리학적 행동이 추론되는 일련의 공리에 기초한다. 그런 안(案)은 파동 함수의 붕괴에 대한 분명한 설명을 제공해야 한다. 그것은 경험적으로 관찰되는 것이기 때문이다. 그러나 붕괴는 다만 분명한 붕괴여야 하며, 여기에서 우리는 그 이론에

---

8) 사유의 경제성을 강조하는 관점. 〔역주〕

9) Bernard d'Espagnat, *Conceptual Foundations of Quantum Mechanics*(Reading, Mass.: W. A. Benjamin, 1976).

10) Roland Omnès, *The Interpretation of Quantum Mechanics*(Princeton, 1994).

해석을 포함시켜야 한다――다세계, 여러 생각, 비일관성, 인과 관계 그런 것을. 이 문제에 있어서 수리적인 억지 이론의 기회는 무한한 듯하며, 시험을 하는 실제 실험들이 암시되지 않으면 과학적으로 무의미하다고 첨언할 수 있을 것이다. 그런 실험이 진행되기까지 채택하는 **해석**은 신념이자 성향의 문제이다.

실험은 계속되지만 그 결과가 해석에 영향을 줄 수 있을지는 미심쩍을 수 있다. 양자 이론이 갖고 있는 아주 큰 문제는 **그것이 사실의 존재를 설명할 수 없다**는 것이다. 그 이론이 오직 가능성에 관한 진술만으로 되어 있는 한 그것은 고전물리학에 의해 기술된 대로, 그리고 우리의 인상과 경험을 통해 우리가 아는 대로 세계의 물리적인 특징에 대한 설명을 담을 수 없다. 일은 일어나며――저 일보다 이 일이――우리는 이유를 이해할 필요가 있다. 우리는 미시적인 체계의 시종일관한 역학적 행동을 기술하는 근사한 이론을 갖고 있다――우리에게 결핍된 것은 거시적인 사건의 출현을 설명하는 시종일관하지 않은 포괄적인 이론이다. 봄의 인과적인 이론은 통계, 즉 결정론적인 궤적의 세부적인 행동에 대한 우리의 무지 때문에 존재하는 영역을 추방하는 장점이 있다. 미시적인 체계에 대해 만들어진 측정의 명백한 결과는 실제는 안 그럴지라도 원칙적으로 출발 조건까지 추적해 올라갈 수가 있다. 만약 약간의 사람들이 인과적인 설명에 끌린다면 다른 많은 사람들은 시종일관하지 않게 적어도 하나의 세계 안에서 어떻게든 명백한 사건들로 이끄는 다세계를 상상하기를 선호한다. 그것은 기질에 좌우되는 듯이 보인다.

그러나 과학 정신을 가장 예민하게 하는 것은 기술적 이용 가능성이다. 어떤 해석의 문제가 있든 양자 이론은 일상에서 현실적으로 이용된다. 트랜지스터, 레이저, 핵자기 공명 뇌주사 장치는 그것이 없으면 불가능하다. 트랜지스터가 몇백 개의 핵길이보다 더 긴 한, 광원에서 배출로까지 가는 전자는 비록 그 운동량과 에너지 간에 관계가 어딘지 기묘할지라도 어느 점으로 보나 고전적 소립자처럼 행동한다. 결어긋남은 신속해서 100 1천조분의 1초($1fs=10^{-15}s$)의 빠르기로 발생하며, 이것은 전자는 거의 언제나 명확히 정의된 상태에 있음을 의미한다. 레이저에서는 불가피하게 존재하는 결어긋난 힘들은 순수한 결맞은 상태에서 빛을 생산해 내기 위해 고의적으로 제거된다. 핵자기 공명에서는 핵은 우주의 다른 부분과 아주 잘 격리되어 있어서 핵 안의 자석의 상태가 1천분의 몇 초나 심지어는 몇 초 동안 결맞게 살 수 있다.

결어긋남의 구조에 대한 연구는 이 다양한 장치들의 움직임을 연구하는 데 가장 중요하다. 그러나 이 장치들은 단순한 체계가 아니다. 그것들은 거시적이어서 막대한 수의 원자를 필요로 한다. 어떻게 결맞음이 우주의 그밖의 곳으로 새어 나가는지 연구하기 위해서는 훨씬 더 간단한 체계가 연구될 필요가 있으며, 이 기본 연구는 여러 실험실에서 진행중에 있다. 그런 연구의 결과가 어떻게 양자 이론이 해석되어야 할지에 대한 문제와 관계가 있을지의 여부는 여전히 조사되어져야 한다.

결어긋남은 현대 디지털 방식의 컴퓨터의 기본 단위인 트랜지스터의 문제가 아니다. 컴퓨터는 2진 숫자——전문 용어로 비트——를 사용한다. 비트는 이어지거나 끊어지는 전자의 구성 요소에 의해 기술되어, 예를 들면 이어진 상태는 1을, 끊어진 상태는 0을 나타낸다. 결어긋남 없이 구성 요소가 똑같이 이어지고 똑같이 끊어지는 뒤섞인 상태로 있는 것은 기계적으로 가능한 획기적인 일이 될 터이다. 이런 일은 결코 없을 것이며, 인습적인 전자 구성 요소로는 일어나지 않는 일이다. 일어날 수 있는 최악의 것은 그것이 1이 되어야 할 때에 0을 만들거나 그 반대의 오류가 발생하는 것이지만, 이것을 처리하는 개발된 극도로 정교한 오류 수정 기술이 있다. 0이나 1의 가능성은 아주 나쁘지만 0과 1은 악몽이 될 것이다.

그럴까? 최근 몇 년간 구세주적인 구성원들로 해서 더욱 두드러지게 된 열성적인 집단은 양자 정보 분야에서 일하는 집단으로, 양자 계산과 양자 암호 작성, 양자 원격 이동을 포함한다.[11] 그것은 비트에 대한 양자역학의 등가물인 큐비트의 존재에 기초한다. 많은 사람들이 큐비트의 요구에 열렬한 열의를 갖고 응해 왔다. 큐비트는 그것이 다른 큐비트들과 얽히게 되고, 어긋남이 생기기 전에 다양한 조작을 하기 충분할 정도로 오래 혼합 상태에 놓일 수 있는 2준위 체계이다. 기본 인력은 일반 비트가 0이나 1이라는 두 상태를 갖고 있는 반면 큐비트는 네 가지 상태, a, b, $a+b$ 또는 $a-b$를 가지며, 마지막 둘은 그 부호가 간섭 효과를 반영하는 혼합 상태로, 만약 간섭이 건설적이면 +이고 파괴적이면 −이다. 그것은 병렬 처리의 가능성을 열어, 원칙적으로 일반적인 수단에 의하면 너무나 시간이 걸리는 계산 문제들을 해결하게 한다.

양자 컴퓨터의 한 가지 용도는 N이 정수일 때 한번에 N^3으로 증가하는 그것의 소수들로 N자리 숫자를 인수분해하는 일일 것인데, 그것은 배수가 N으로 기하급수적으로 증가하는 재래식 컴퓨터보다 훨씬 더 좋다. 이 설비는 암호 해독 분야에 적용될 것이다.

이제 주인공 앨리스와 보브 · 이브를 소개하기에 적당한 순간이다. 그들이 없었더라면 양자 정보에 대한 어떤 설명도 완전하지 않을 것이다. 앨리스와 보브는 항상 멀리 떨어져 있을지라도 부단히 소통하는 듯이 보이는 정직한 인물들이다. 이브는 아마도 질투심이 많기 때

---

11) Andrew Steane, 〈Quantum Computing〉, *Rep. Prog. Phys.* 61(1998), 117.

문인 듯 그들이 서로 이야기하고 있는 것을 알아내고 싶어하는 조금 수상한 사람이나, 무엇을 질투하는지는 운에 맡기고 해보는 추측이라 할지라도 정치적으로 올바르지 않은 것이 될 터이다.

앨리스와 보브가 비밀스럽게 의사소통할 수 있었던 일반적인 방법의 하나는, 이브에게는 완곡하고 알아듣기 힘든 표현처럼 보이기를 바라는 것을 해독하는 비밀 기호를 그들이 공유하는 것이다. 이 방법의 문제는 만약에 그것이 항상 사용되면 이브가 결국에는 그 기호가 무엇인지 알아낼 것이므로 이론상 그것은 딱 한번만 사용할 수 있다. 이것은 다음 전갈을 위한 비밀 기호가 어떤 방식으로든 서로에게 전달되어야 하지만, 어쩌면 이것이 이브에 의해 차단될 수 있음을 암시한다. 더 좋은 방법은 보브에게 그 소인수들이 알려져 있는 거대 수의 형태로 된 공공연한 기호를 사용하는 것이다(우선 그가 그 거대 수를 어떻게 알아내는가 하는 것이다). 앨리스가 그녀의 전언을 암호화하는 거대 수를 사용하고, 보브는 그것을 해독하는 데 그의 인수들을 사용한다. 이브는 정수를 인수분해하는 배수가 N으로 기하급수적으로 증가한다는 개연성 있는 사실(비록 이에 대한 아무런 증거도 없지만)을 고심해야 한다. 여기가 양자 컴퓨터를 사용하는 인수분해 연산 방식이 개입하는 곳으로 e^N에서 N^3으로 시간 의존성이 줄어든다. 그래서 이브는 비록 그것이 큰 것이어야만 할지라도 양자 컴퓨터를 사용할 수가 있다.

이것은 앨리스와 보브로 하여금 양자 암호 작성법으로 되돌아갈 수밖에 없게 할 것이다. 세목들은 간단하지만 기술적이다. 뒤얽힌 큐비트를 이용하는 것이 앨리스와 보브로 하여금 비록 몸은 떨어져 있지만 급사를 보내거나 만날 필요없이 무작위로 선택한 비밀 기호를 공유하게 한다고만 말하는 것으로 충분하다. 더욱이 양자 체계에서 만들어진 어떤 측정도 결맞음을 파괴하기 때문에 그들은 그 기호가 가로채

였는지도 알게 될 것이다.

때때로 보브는 앨리스의 큐비트에 관해서 대단히 알고 싶어한다. 앨리스는 그 상태가 자신에게 알려져 있지 않은 큐비트를 가지고 있지만, 보브가 자기 힘으로 그것을 알아내고 싶어할 것을 안다. 그녀는 만약 자기가 선수를 쳐서 보브에게 알려 주기 위해 큐비트의 상태를 측정한다면 그것이 큐비트를 파괴시키고, 보브는 자신이 발견하는 재미를 누리지 못할 것을 안다. 다행히 그들은 신기하게도 결어긋남을 피한 뒤얽힌 한 쌍 중 하나의 큐비트를 각각 가지고 있다. 앨리스는 이제 그 쌍 중 자신의 것으로 미지의 큐비트를 뒤얽히게 하고, 완전히 뒤얽힌 상태로 붕괴되는 측정을 한다. 그리고는 그녀의 측정 결과를 보브에게 보내고, 그러면 그는 바로 알려지지 않은 것의 특성을 가지고서 그것을 전환하기 위해 그의 큐비트에 어떤 조작을 가해야 하는지 추론할 수 있다. 양자 원격 이동은 실은 얽힘의 비국소적 성질을 이용하는 양자 정보의 전달을 의미한다.

양자 세계의 색다른 특성들이 원칙적으로 활용될 수 있는 다른 안들이 많다. 심지어는 정보를 전달하는 큐비트들에 대해 이루어져야 하는 측정 없이도 오류가 수정될 수 있는 교묘한 안들조차 있다. 그러나 이론은 많은 경우에 그러하듯이 실제보다 앞서간다. 실험 도구들이 존재하지만 그것들은 일반적으로 2큐비트만을 필요로 할 뿐이다. 전언과 오류 수정 과정 그 자체에서 결어긋남을 피하거나 수정하는 문제는 매우 진지하다. 진지한 양자 계산은 앞으로 올 언젠가를 위해 구상된 것이 아니며, 많은 사람들은 그것이 결코 일어나지 않을 것으로 생각한다. 그러나 열성적인 그 누구도 흥을 깨는 소리에 결코 귀기울이지 않아서 이 분야의 연구는 계속해서 줄지 않을 것이다.

큐비트의 외침은 우리 주위 어디에나 있지만, 만약 듣는 이가 거의 없다면 그것이 대단히 기술적인 소리이기 때문일 것이다. 전자의 스핀이나 광양자의 분극에 영향을 끼치는 큐비트들은 특수 상대성 효과에 영향을 끼친다. 그럼에도 불구하고 큐비트들은 아직은 다만 제한된 방식으로만 이용하고 있는 양자 이론의 기술적 창조물이다. 이 분야에서 결어긋남은 과학적인 문제라기보다는 기술적인 문제——어디든 가능한 곳에서는 피하거나 약화시킬 어떤 것이다. 그것은 중요한 문제이다. 무엇인가가 나타나 전체를 실행 가능하게 만들지도 모른다——아마도 무엇인가 새로운 물리적 법칙이. 그러나 그것은 그만큼 필사적이다. 결국 주요한 결과는 앨리스와 보브·이브가 겨우 유사 문학적인 상태에 도달하는 것인지도 모른다.

양자 이론을 모든 공간, 심지어는 빈 공간까지 소립자와 반입자의 자연 발생적인 창조와 소멸의 기운이 넘치는 활동으로 채우는 양자장 이론의 형태로 특수 상대성 이론의 영역으로까지 확대하는 것은 (무한 에너지 같은) 더 많은 문제로 이끈다. 인력 작용을 포함하도록 그것을 확대하는 것은 아직은 불가능하다. 그리고 그 모든 것 없이 무엇이 시기상조의 보편적인 우주론적 만물 이론과 우주 생성 때의 대폭발·기원·정신을 평가할까? 과학은 이제 갈 길이 멀지만 그 과정중에서 한편으로는 순수한 수리적 신학으로 변형되고, 다른 한편으로는 혼란으로 잘못 들어서는 것을 경계해야 한다. 베이컨에 의하면 그런 일은 "어디든 논증이나 추론이 경험의 한 세계에서 다른 세계로 가는 곳에서" 발생한다. 양자 현상의 발견은 대부분의 물리학자들로 하여금 그들 자신의 주제를 넘어서 그들의 지식을 적용하는 일에 더욱 신중하도록 만들었다. 자연은 고전물리학의 창안자들이 상상한 것보다 훨씬 더 포착하기 힘들며, 비축된 더 많은 놀라운 일들이 있을 것이다. 그러나 어떤 사람들에게는 하나의 불가사의를 다른 불가사의와 결합하는 일이 그럴

수 없이 매혹적이며, 과학이 위험을 무릅쓰고 빗나가는 한 분야는 바
로 정신이다.

10
과학과 정신

> **What is matter?**(뭐가 문제야?—직역하면, 물질이 뭐지?)——**Never mind**(신경 쓰지 마.—직역하면, 결코 정신은 아니지).
>
> **What is mind?**(뭐 생각해?—직역하면, 정신이 뭐지?)——**No matter**(아무것도 아니야.—직역하면, 결코 물질은 아니지.[1]
>
> 《펀치》 29(19)(1855)

신체와 정신의 관계에 대한 문제는 애초부터 철학자들을 사로잡아 왔으며, 예측할 수 있는 미래에도 계속해서 그럴 것 같다. 아직까지 제시된 정신에 관한 사상들을 개괄적으로 요약하면 그림 5와 같다. 최근에 주로 컴퓨터 기술의 진보가 계기가 되어 그 문제가 과학에 다시 등장해 과학 문헌에서 열정적이라고 하는 것은 아니나 활발한 토론을 시작했다. 그렇지만 과학이 그 논제에 대해, 특히 의식이 수반되는 곳에서 이야기할 의미심장한 무엇을 갖고 있는지의 여부는 확실히 명확하

---

1) matter와 mind가 갖는 다양한 의미를 이용해 matter/mind에 관한 질문을 mind/matter로 대답하는 것을 예시함으로써 그 둘의 상관 관계를 생각하게 만드는 짧은 관용구로 이루어진 대화이나, 번역으로는 그 맛을 살릴 수 없어 원문을 병기함. 〔역주〕

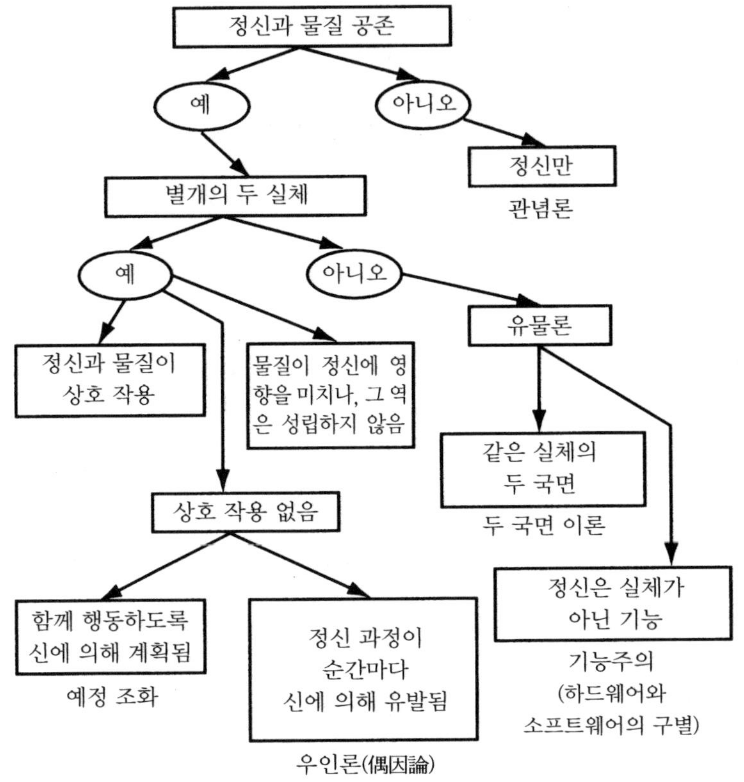

[그림 5]

지 않다. 그러나 과학은 그 영역 안에서 어느 정도 주의를 기울이게 하는 정의를 제시한다. 그래서 정신력에 대한 자연주의적인 견해는 그것이 자연적이고 사회적인 환경과 사람들이 갖는 엄청나게 복잡한 상호 작용의 특징, 곧 시간을 넘어 진화해 온 특징이라는 것이다. 철저한 이원론자가 아니라면 거기에서 무엇이 잘못되었는지 이해하기 어렵다.

그럼에도 불구하고 과학은 시종일관하고 자기 모순이 없는 자연의 견해를 발전시키는 것을 목표로 하며, 대부분의 과학자들은 과학의 영역을 단순히 무생물의 세계에 제한시키기를 꺼려 할 것이고, 사실 그렇게 제한하고 있지도 않다. 생물과 무생물은 동등하게 과학적 연구에 적절한 재료이며, 한 범주에 해당되는 것으로 밝혀진 것은 적어도 다른 범주에도 해당되는 것과 최소한 모순되지 않아야 한다. 그러나 여기에서 물질의 과학은 개념상 넘기 어려운 벽으로 뛰어든다. 살아 있는 의식이 있는 물체들은 가까이하기 어려운 세계, 곧 물리과학의 언어가 적용될 수 없는 세계에 산다. 심지어는 가치와 도덕 같은 눈에 띄게 명백한 단절들을 제쳐 놓음으로써 시각 행동 같은 현실적인 어떤 지각조차도——과학자들이 경험한 것들조차도——조금이나마 적절하게 묘사할 수 없다. 셰링턴은 그것을 이렇게 표현했다.

　　전하(電荷)는 자체 내에 시각적인 요소를 전혀 갖고 있지 않다——예를 들어서 '거리'도, '우측 상단'도, '수직선'이나 '수평선'도, '색깔'도 '밝기'도, '그림자'도 '둥긂'도 '네모남'도, '윤곽'도 '투명성'도 '불투명성'도, '가깝다'도 '멀다'도, 어떤 시각적인 것도 없다. 그럼에도 불구하고 이 모든 것들을 그려낸다.[2]

정신의 좀더 복잡미묘한 특성들을 검토할 때 과학이 무엇을 서술할 수 있을지와 정신적인 경험이란 무엇과 같은지 사이의 심연은 다리를 놓을 수 없을 듯이 보인다. 그 두 세계는 서로 직교하는 것으로 보인다. 만약에 이렇다면 저렇다는 서술을 하기 위해서 개발된 과학의 추상적인 언어는 모든 흥미로운 정신적 현상에는 부적절할 뿐이다. 예술의 고양된 기쁨, 종교의 초월적인 무아경과 기분 좋은 위로, 창조 과

---

2) Sir Charles Sherrington, *Man on his Nature*(London: Penguin, 1955).

정에 있어서의 제멋대로인 직관은 무감정한 물질 용어로는 서술할 수
없다. 그리고 산책하러 가거나 차를 마시기 위해 주전자에 물을 끓이
기로 결정하는 것 역시 마찬가지이다. 물질계를 서술하기에 대단히 적
절한 구조를 갖고 있음을 입증하는 우리의 일상 언어조차 종종 좀더
미묘한 경험——예를 들어서 음악의 효과 같은——을 포착하기에는
쪼들린다. 윤리적이고 심미적인 가치의 세계에 적용된 수리물리학의
언어를 상상하는 일은 얼마나 더 불가능하겠는가!

그러나 만약 정신적 삶이 과학의 힘을 넘어선다면, 이는 우리가 정
신-물질의 이원론을 받아들여야 한다는 의미인가? 나는 어떤 의미에
서 그에 대한 대답은 분명히 네이지만, 또 다른 의미에서는 아니오라
고 생각한다. 분명히 정신은 우리가 보기에 물질과 너무나도 달라서
계속해서 스스로와 그 관심사를 아주 별개의 범주에 있는 것으로 생
각할 것이다. 정신의 개념을 범주 오류로 간주한 행동주의자적인 견해
는 이제 아주 낡아빠진 듯 보인다. 어떻게 의식이 물질로부터 생겨날
수 있는지 하는 문제가 현재 최신의 화제이다. 정신은 물질과 분리할
수 없다. 그것이 신체를 직접 조종하고, 신체의 화학 작용에 의해 영향
을 받기 때문이다. 따라서 그것은 영적이기기도 하고 물질적이기도 해
서, 만약 정신의 영적인 활동——미학·윤리학·종교(그리고 감각을 추
가할 수 있을 것이다)——이 과학의 범위를 벗어나도 두뇌는 그렇지 않
다. 정신의 이 두 특성——컴퓨터 언어로 소프트웨어와 하드웨어——
을 이렇게 구분하는 것은 흔히 정신을 컴퓨터와 양자역학과 결부시키
기 위해 최근에 행해진 노력들을 이해하고 평가하는 데 이용된다.

로저 펜로즈는 과학적인 정신 이론에 관한 현대의 네 관점을 유용하
게 구분한다.

A. 모든 사고는 계산이다. 특히 의식적인 자각의 감정은 그저 적절한 계산을 수행하는 것만으로도 환기된다.

B. 자각은 뇌의 물리적 행동의 특징이며, 어떤 물리적인 행동도 수치적으로 모의실험될 수 있는 반면 수치적 모의실험 그것만으로는 자각을 불러일으킬 수 없다.

C. 뇌의 적절한 물리적 행동이 자각을 불러일으키지만 이 물리적인 행동은 수치적으로 적절히 모의실험조차 할 수 없다.

D. 자각은 물리적이거나 수치적인, 또는 그밖의 어떤 과학적인 말로 설명될 수 없다.[3]

펜로즈는 A와 같은 견해를 인공지능 분야(AI)에서 많은 사람들이 갖는 강경론적 접근법, 즉 강한 인공지능과 동일한 것으로 간주한다. 만약 어떤 기계가 그 유명한 튜링 테스트를 통과하면, 즉 그것이 마치 지능이 있는 듯 완벽하게 행동하면 그것은 실제로 의식을 갖는다. 이것의 역을 생각하는 것은 재미있다. 만약 동물이 의식 시험을 통과한다면, 그것은 실제로 지능이 있다는 주장이 될 것이다. 지능은 아마 문제를 해결하는 능력일 것이다. 모든 동물들이 이 능력을 부여받은 것은 아니지만 동물들에게 의식이 있음을 부정할 사람은 거의 없을 것이다. 확실히 문제 해결 능력과 의식이 확고하게 연결된다고, 하나가 다른 것을 함축한다고 주장할 수는 없다. 그 함축은 단일 방향이라고 주

---

3) Roger Penrose, *The Emperor's New Mind*(Oxford, 1989).

장하는 것은 오히려 설득력이 없어 보인다.

기계가 그것이 무엇을 하고 있는지 이해한다는 생각은 훨씬 설득력이 덜한데, 아마도 기계가 의식이 있다는 특징의 하나로 이해하기 때문일 것이다. 다시 말하면 컴퓨터 프로그램의 의미론과 통사론 사이에는 크게 벌어져 있는 간격이 있다. 그의 중국어 방 논증에서 중국어에 대해 전혀 모르는 존 설은 가늘고 긴 구멍으로 그에게 음식을 준 이야기를 하는 중국어로 된 기호들을 조작하는 (영어로 된) 규정집을 갖춘 어떤 방에 고립된 자신의 모습을 생각한다. 중국어는 한마디도 몰라도 모든 조작 규칙에 따라서 그는 비록 그 이야기가 무엇에 관한 것인지 어림짐작 못할지라도 그 이야기에 관해서 자신에게 주어진 질문에 올바르게 대답할 수가 있었다. 지시를 따르는 능력이 결코 이해와 맞아떨어지지 않는 여러 인간적인 맥락이 있다. 기계가 지시를 뛰어나게 수행한다는 사실이 단순히 이해나 의식과 관련된 무엇인가가 존재함을 암시하는 것은 아니다.

중국어 방에 의해 대단히 사실적으로 예증된 의미론과 통사론 간의 간격은 강한 인공지능의 주장을 무효로 만들기에 충분하다. 그러나 앞으로 올 것은 강한 인공지능에 더 나쁘다. 설은 의미론과 통사론 간의 간격 외에도 뉴런의 자극 같은 물리적 처리와 통사론 간에 더 강력한 간격이 있음을 지적했다.[4] 컴퓨터에서 트랜지스터는 그것이 무슨 전기 신호를 수신했는지에 따라 켜지거나 꺼질 수 있다. 프로그래머의 마음속에서 컴퓨터 조작 통사는 꺼지는 것은 0을, 켜지는 것은 1을 의미한다. 그 통사는 확실히 트랜지스터와 그것의 성질 안에 있는 것이 아니며, 그런 통사가 뇌세포에 상주할 수도 없다. 뉴런을 자극하는 것과

---

4) John Searle, *The Mystery of Consiousness*(London: Granta Books), 1997.

의식적인 이해 간의 간격을 메우는 일은 컴퓨터 언어로 제공되는 것보다 훨씬 더 복잡미묘한 접근법을 필요로 한다.

두뇌 활동의 특징으로서의 자각은 네 관점의 어느것에 의해서도 부정되지 않는다. 그렇게 하는 것은 만약 세계가 정신 밖에서 존재한다면 세계는 현상의 하나일 뿐이라는 순수한 관념론을 신봉하거나 육체로부터 아주 분리된 영혼, 곧 기계 장치로 갑자기 나타나서 극의 복잡한 내용을 해결하는 신처럼 다급할 때의 인위적이고 부자연스러운 해결책을 믿는 일이 될 것이다. 이 성향에 문학을 추가한다 해도 소용없을 것이다——한편에는 칸트, 다른 한편에는 종교 서적으로도 충분히 포괄적이다. 또한 바이런도.

버클리 주교가 "물질이란 없다(there is no matter)"고 말하고
그것을 증명했을 때——"그가 뭐라 했든 상관없었다(twas no matter what he said)."

나는 물질이 어떻게든 해서 정신을 발생시키기에 충분할 만큼 자연은 난해하다는 형이상학적인 유물론적 견해에 기울어져서 당면한 목적을 위해 펜로즈의 네 관점을 고수하려고 한다.

B 견해는 비록 모든 물리적 행동은 컴퓨터에 의해 고무될 수 있다고 추정할지라도, 단순한 컴퓨터의 사용에서 자각이 생겨난다고 생각지는 않는 부드러운 인공지능의 입장이다. 부드러운 인공지능은 두뇌과학에 관련되어 있을지도 모르는 두뇌 활동을 하는 컴퓨터 모델을 설계할 가능성을 제안하는 방법론의 견해에 이의가 없다. 이것은 두뇌가 형식적으로 컴퓨터와 같은 방식으로 작용한다고 추정할 것인데, 그것은 옳을 수도 있고 옳지 않을 수도 있다. 만약에 정말 두뇌가 형식적인

방식으로 작용한다면 그 접근법은 옳다고 할 것이다. 컴퓨터는 그것이 아무것도 '이해'하지 않을지라도 형식적인 체계를 모의실험할 수 있기 때문이다.

C 견해는 모든 물리적 행동, 특히 자각으로 이끄는 물리적인 행동을 컴퓨터로 처리할 수 있다는 것을 부정한다. C 견해는 그의 두 책, 《황제의 새 정신》과 《정신의 그림자》에서 밝혔듯이,[5] 이것은 강한 인공지능, 노벨상 수상자들, 그리고 철학자들로부터 강력한 반응들을 유발시켰는데, 그 중 몇몇은 슬프게도 지나치다. 약간의 인용이 그 풍미를 전할 것이다.

그의 저서 《과학의 종말》에서 호간은 말한다.

민스키[인공지능]는 로저 펜로즈를 "자신의 물질적인 성질을 받아들이지 못하는 비겁자"라고 불렀다.[6]

노벨상 수상자 필 앤더슨은 《정신의 그림자》를 논평했다.

나는 많은 사람들로부터 비판적 논평을 받은 《황제의 새 정신》을 읽기를 미루고 있던 터라 비록 편견을 갖고 있었지만 새롭게 그 후속편에 접근했다. 나는 나의 편견이 대단히 옳았음을 주저치 않고 말하겠다.[7]

노벨상 수상자 머리 겔만:

---

5) Roger Penrose, *Shadows of the Mind*(Oxford, 1994).

6) John Horgan, *The End of Science*(New York: Addison-Wesley, 1997).

7) P. W. Anderson, 〈Shadows of doubt〉, *Nature* 372(1994): 288.

로저 펜로즈는 괴델의 정리가 **무엇인가 다른 것**을 요구하는 의식과 관계된다고 하는, 오랫동안 믿을 수 없는 것으로 간주되어 온 잘못된 추론에 기초한 두 권의 어리석은 저서를 집필했다.[8]

철학자 힐러리 퍼트넘은 《정신의 그림자》를 평했다.

그러나 본 평자는 그것의 출현을 현재 우리의 지적 활동에 있어서 통탄할 일화로 간주한다.[9]

추측컨대 민스키는 A와 다른 견해를 갖고 있다면 누구에게든 마찬가지로 오명을 씌울 것이다. 앤더슨은 펜로즈가 이제는 파동 함수의 붕괴에 대한 겔만과 하틀리의 해석을 완전히 받아들였어야 하며, 그것을 설명하기 위해 일반 상대성을 제기하지 말았어야 했다고 생각한다. 겔만은 괴델의 정리를 부적당한 것으로 생각하는데, 그것은 퍼트넘에 의해 공유되는 견해로 철학자로서의 퍼트넘의 반응은 아마도 격분에서 나온 듯하다――확실히 정신이 물리학에 의해 서술될 수 없음은 분명하다. 펜로즈의 생각에 대해 어떻게 생각하든 그의 저서는 그 유용성보다는 공격성에 있어서 두드러지는 엄청난 논쟁을 불러일으켰다.[10]

강한 인공지능과 부드러운 인공지능에 관한 펜로즈의 주장의 요점은 무엇이든 계산할 수 있는 건 아니라는 것이다. **IBM**의 롤프 랜다우

---

8) Horgan, *op. cit.*

9) Hilary Putnam, book review, *New York Times*, 1994년 11월 20일자.

10) *The Emperor's New Mind in Behavioural and Brain Sciences* 13(1990): 643에 대한 방대한 반응도 참조.

어는 계산될 수 없는 것은 무의미하다고 응수했다. 이 터무니없이 지나치게 단순한 견해에 의하면 세계는 오직 2진 숫자에 의해서만 이해할 수 있다. 그러나 펜로즈는 말하기를 세상에는 컴퓨터 조작으로 모의 실험될 수 없는 실재하는 수학적인 구조——바로 플라톤의 형상——가 있다는 것이다. 컴퓨터는 일련의 규칙——알고리듬——으로 작동한다. 펜로즈는 수학적 통찰·이해·의미와 판단은 참이든 거짓이든 간에 비알고리듬적인 두뇌 작용이라고 주장한다. 컴퓨터를 위한 학습 프로그램들은 여전히 알고리듬적이며, 따라서 결코 기계가 이해하도록 가르칠 수 없다. 아무리 정교하다 할지라도 일련의 어떤 규칙들이 인간 정신에나 있음직한 모든 통찰을 성격에 포함할 만큼 완전할 수는 없다. 이 주장을 옹호하여 그는 괴델을 인용한다.

우리는 수학을 논하며, 이미 그의 유명한 정리를 언급할 이유가 있었다. 자연 전반의 모형에 대해서와 마찬가지로 정신의 모형에 대한 괴델의 증명이 시사하는 것은 무한하지만 불행히도 그 응용 가능성은 그렇지 않다. 루카스는 괴델의 정리가 정신은 기계처럼 설명될 수 없음을 입증했다고 주장한 최초의 사람들 중 하나였다. 그 정리는 단순한 계산을 산출해 내기에 족할 만큼 강한 모순이 없는 체계에는 그 체계 내에서 입증될 수 없는 공식들이 있다고 주장하지만 우리는 이들 공식이 참임을 알 수 있다. 그 체계 안에서 우리는 "G는 증명할 수 없다"고 말하는 공식 G를 언제나 발견할 수 있다. 만약 그 공식이 그럼에도 불구하고 그 체계 안에서 증명될 수 있다면 우리는 모순에 봉착한다. 그 체계는 모순된다. 반면에 만약 G가 사실상 그 체계 안에서 증명될 수 없다면 그 체계는 불완전하다. 따라서 모든 모순 없는 형식적 체계들은 필연적으로 불완전할 수밖에 없다. 우리가 참이라고 감지할 수 있는 체계를 정의하는 불가피하게 제한되어 있는 일련의 공리로부터 추론할 수 없는 형식적인 진리들은 언제나 존재할 것이다. 컴퓨터들은 알고리듬적이기 때문에 정신이 감지할 수 있는 모든 진리를 결코 짜넣을 수가 없다.

이에 반대되는 하나의 논증으로 수학의 거의 대부분은 제르멜로-프렝켈 집합론으로 서술될 수 있다는 것이 있는데, 공교롭게도 그것은 확실히 모순이 없다고 볼 수가 없다. 그래서 괴델의 정리는 분명히 적합하지 않고, 따라서 정신이 집합론에 의해 형성될 수 있는 한 그것은 정신의 서술에 적합하지 않다. 이것은 그럴지 모르지만 컴퓨터는 우리가 아는 한 모순이 없다고 알려진 계산에 효험이 있으므로 괴델의 정리는 적합할 것이다. 물론 그것은 수학자들의 정신은 모순이 없는지, 또 그들의 통찰력에 한계가 있는지 하는 문제는 미해결 상태로 놓아둔다. 만약에 모순되면 괴델의 정리는 적합하지 않다. 만약에 모순되지 않지만 한정된다면 유한한 수의 정리로 이루어진 정신을 형성하는 알고리듬을 상상할 수 있을 것이다. 이런 조건하에서 루카스와 펜로즈의 주장은 좌절된다.

D 견해는 정신에 관한 과학의 무능력을 주장한다. 펜로즈는 "세상의 행동을 이해함에 있어서 이룩한 어떠한 실질적인 전진도 오직 과학 및 수학적인 방법을 사용함으로써였다"는 이유로 이를 부인한다. 예술과 역사·철학은 이만! 물론 그는 물리적 세계를 의중에 둔다. 그러나 그렇다면 어떤 물리적 행동이 깨우침을 주는가? 우리는 이 근본적인 질문으로 되돌아간다. 많은 정신의 모형 제작자들과 같이 그는 양자 이론의 감언에 굴복한다. 시종일관함과 때때로 거시적 범위에 걸친 비국소성을 드러내는 양자 체계의 매혹적인 특성은 두뇌의 기능과 확실히 유사하다. 생각은 여기저기 있는 것이 아니다. 그것은 국소적이지 않다. 그것은 어느 의미에서 대뇌의 어떤 파동 함수 붕괴를 암시

하는 흐릿한 원(原)생각의 기층으로부터 출현하는 듯이 보인다. 현대의 양자 사상은 우주 전체에로 퍼져 나가는 비국소성의 경향이 있다. 현시점에서 마법과 신비주의에 대한 잠재력은 막대하다. 펜로즈는 양자가 붕괴하는 정신의 황량한 주변과 아무 관계도 없지만, 양자의 작용이 활발할 수 있는 두뇌의 요소들을 시험적으로 향한다. 그러나 엄청난 수의 소립자의 면전에서 결맞는 양자 행동에 관한 만족스런 이론을 어떻게 찾을 수 있을지 알기는 어렵다. 파동 함수는 끊임없이 붕괴되고 있을 것이다. 우리는 양자와 고전적인 상황 간의 계면을 이해하지 못하지만, 이때에 우리의 무지를 의식의 기원에 대한 무지와 관련시키는 것은 도움이 되지 않는다.

내가 보기에는 C와 D의 혼합이 유일하게 이치에 맞는 것으로 보인다. 고전적 또는 양자역학적으로 아무리 말해도 자각을 설명하지는 못할 것이다. 하물며 감각과 (비초자연적인) 영적 속성은 더욱 그렇다. 의식은 플랑크 상수의 존재와 마찬가지로 바꿀 수 없는 세계의 구성 분자로 받아들여야만 한다고 생각한다. 두뇌는 존재하며, 의식은 그 특성의 하나이다. 의식도 플랑크 상수도 불가해하다. 둘 다 실재하고, 둘 다 물질의 특성으로 하나는 동물의 다른 하나는 무생물의 특성이다. 의식이 어떤 구조 안에서 존재하도록 공작할 수 있는지 하는 것은 미래에 현재 우리가 이해하는 것보다 훨씬 더 복잡 미묘한 정신-물질의 계면에 대해 이해하는 일에 좌우될 것이다. 과연 교묘하게 공작되는 의식이라는 발상이 도대체 실현될까?

과학은 석기시대 당구공 이론에서 방금 등장했다. 그것은 국소적 특성을 갖고 있으면서도 널리 미치는 분야의 사상을 파악해 왔다. 그리고 이제 비국소적인 양자 분야의 개념과, 이것이 시공의 곡률과 연결될 수 있을지 방법을 파악하는 중이다. 좀더 적절하게는 그것이 이제 복잡한 체계를 이해하기 위해서는 아주 새로운 사상, 즉 그 특성들을 서술하는 새로운 언어를 각각 필요로 하는 발생 현상을, 그리고 수준들의 위계질서가 존재함을 인지하는 사상이 필요하다는 사실을 파악하고 있다는 점이다. 정신은 확실히 너무나 창발적(創發的)인 현상이지만 석기시대의 말——툴툴거림과 툴툴거리지 않음에 상당하는 2진 숫자들——로 설명을 시도하는 것은 아무래도 통탄할 일이다.

어떤 사람들은 우리는 심리학을 믿어야 한다고 말할지도 모른다. 비록 상대적으로 시작된 지 얼마 안 되어 아직은 자신감을 북돋아 줘야 하지만, 적어도 심리학은 극단적으로 단순한 환원주의로부터 크게 벗어나 있다. 그 신봉자들은 흔히 행동을 과학적으로 연구하는 일은 아직도 뉴턴 이전의 상태에 있다고 주장하며, 미래의 작업은 중력 이론과 같은 양적인 법칙들을 드러낼 것임을 암시한다. 계속해서 암시하기를, 시간이 주어지면 심리학이 물리학처럼 '자연' 과학이 될 것이고, 결국에는 정신적 경험이 보편적으로 적용할 수 있는 법칙들에 의해 이해될 것이라고 한다.

이 종종 마주치는 가정은 매우 불안정하다. 심리적인 현상들은 고도로 독특하다. 인간은 독특한 개체이기 때문이다. 만약 이를 받아들이기 위해 상식 이상이 요구된다면 우리는 모두 유전학적으로 독특하다는 생화학 분야의 권위 있는 주장이 있다. 과학은 반복 가능한 사건만을 다룰 수 있으므로 성격의 독특함을 다루는 한 심리학은 과학적일 수가 없다. 그러나 그것이 과학이 되려면 그래야만 하듯이, 스스로를 반복 가능한 현상에 제한시킬 때조차 그 연구는 물질적인 것과는 아주 다른 세계, 프랑크 상수같이 양을 나타내는 숫자의 중요성이 막대할 세계, 측정 행위가 측정되고 있는 것을 크게 바꾸어 놓을지도 모르는 세계에서 실행될 것이다. 그런 세계에서 뉴턴의 결정론은 적절하고 막연하지 않게 적용할 수 있으며, 또 어떤 양적인 계산도 걸맞게 매우 통계적이어야 할 것이다. 정신적인 현상은 기계적인 현상과 다르다. 요컨대 분필은 치즈가 아니다. 물리학과의 유추는 논리적으로 거북할 수밖에 없다. 만약 심리학이 그 연구 대상에서 독특한 개체성을 배제하고 나머지를 기술하는 개연론적 법칙을 받아들이는 데 만족한다면, 그것은 틀림없이 과학으로서의 자격을 갖는다. 어떤 심리학자들은 그 대가가 너무 크다고 생각할지도——어쩌면 소중한 것을 필요 없는 것과 함께 버리는 경우라고——모르지만, 그러면 그들은 '의사(擬似) 과학자' 라는 수식어가 달라붙는 위험을 감수해야 한다. 신중하게 대부분은 응답 시간 같은 때에 의식적인 정신 생활을 다루기를 피하고 좀더 기계적인 특성에 매달린다. 그들은 C 견해 안에서 일한다. 그러나 그들은 뉴턴 이전의 물리학과의 유사함을 연상시킴으로써 그들 학과의 난제를 납득이 가도록 변명할 수가 없다. 그게 무엇이든간에 정신은 당구공이 아니기 때문이다.

일찍이 비트겐슈타인은 진심에서 우러난 논평을 했다.

우리가 어떤 사람이 **생각한다**고 말하기 위해서 그는 얼마나 많은 것을 해야만 하는지.

그 목록으로 나는 **P. M. S.** 해커를 인용(비트겐슈타인의 철학에 대한 그의 명쾌한 설명)하는 게 더 나을 것이다.

만약에 그것[기계]이 생각을 할 수 있다면 반성도, 심사숙고도, 재고도 할 수 있을 것이[며 기계적으로 재고하는 일 같은 것은 없]다. 그에 대해 생각에 잠긴다거나, 관조적이라거나, 사색에 몰두한다고 말하는 것이 이치에 닿을 것이 틀림없다. 사려 깊게도 분별 없이도 행동하고, 생각하기 전에 행동하기도 하고, 행동하기 전에 생각할 수도 있을 것이 틀림없다. 그것이 생각을 할 수 있다면 의견이 있을 수 있고, 완고할 수도, 쉽사리 속아 넘어가거나 의심이 많을 수도, 개방적이거나 편협할 수도, 판단을 잘하거나 못할 수도, 머뭇거리거나 모호하거나 단호할 수도, 약빠르거나 신중하거나 경솔할 수도, 또 판단함에 있어서 성급할 수도 있다. 그리고 이 일련의 능력과 성질들조차 대단히 엄청난 혼란 속에 묻혀 있을 것이 틀림없다. 이 술어들은 차례로 생활 환경 속에서 행동으로, 말과 행동, 반응으로 그런 능력을 드러낼 수 있는 창조물에만 적용될 수 있을 것이기 때문이다.[11]

그래서 만약에 그것이 "이 기계는 생각한다"라는 말이 의미하는 것이라면 그것은 또한 "이 기계는 살아 있다" 더 나아가서는 "이 기계는 인간처럼 살아 있다"라는 의미이기도 하다. 그렇지 않으면 기계가 생각한다는 생각 전체는(비트겐슈타인의 심상을 또 하나 사용하면) 3이라는 숫자가 색깔을 갖고 있다는 생각만큼이나 어처구니없다.

그 정신적 특성에 대해 열거한 후 당신은 그것이 결정적이라고 생각할 것이다. 전혀 그렇지 않다. 인공지능 분야에서 일하는 사람들은 천년 왕국에 대해 정신없이 지껄여대곤 하는 그 모든 것은 잡동사니 민간 심리학이며, 거기에 과학의 초점을 맞추는 것은 분명히 어리석고, 또 공허한 결과에 이를 수밖에 없다고 주장할 것이다. 신경과학이 완전히 밝혀지면 불안하다, 기분 좋다, 사랑을 느낀다, 겁먹었다 등등과 같은 애매한 서술들은 불필요해지고, 신경 상태에 대한 효과적이고 정확

---

11) P. M. S. Hacker, *Wittgenstein*(London: Phoenix, 1997).

한 서술과 대체될 수 있을 것이다. 그리고 첨언하자면 주어진 신경 상태와 사람들의 감정이 비록 어떤 것은 확실히 일대일 대응할지라도 꼭 그렇다고 추정할 필요는 없다. 다시 말해서 그것은 경외감을 반영하는 말로 된 서술을 흥분한 신경 단위의 이러이러한 집합으로 대체하는 문제가 아니다. 그것은 오히려 우리가 알고 있는 정신 구조의 전달 기호 체계 전체를 과학적으로 무의미한 것으로 포기하는 문제이다.

이 계획이 실행 가능할지라도——그래서 안 될 게 뭔가?——정신에 대한 결과적인 서술은 인간성 전반에 대해 막연하게나마 흥미를 일으키게 하지는 않을 것이다. 정신에 관한 과학은 어떤 경우든 이미 제한되어 있어서 모두에게 공통되는 정신적 요소들에 초점을 맞출 수밖에 없으며, 모든 독특한 경험과 주관적 요소가 강한 많은 경험들은 고려하지 않으므로 그 문화적인 매력과 영향력은 제한될 것이다. 만약에 그것이 또한 물리과학의 언어를 적용하기 위해서 전(全) 논제를 인정하지 않아 왜곡하기도 한다면 그것은 엄청나게 논점을 벗어난다. 신경과학은 걱정 안해도 된다. 그것은 결코 흥미로운 정신과학이 되지 않을 것이다.

뇌를 다루는 것이 아니라 실리콘에 몇 가지 다른 무기(無機) 재료들을 더한 것을 다루는 인공지능 분야는 정신과학보다 훨씬 더 벗어나 있다. 우리는 적어도 우리가 뇌라고 부르는 엄청나게 복잡한 신체의 신경 구조가 정신적인 특성을 갖고 있음을 안다. 우리는 단지 다른 어떤 것이 정신 구조가 될 수 있는지의 여부를 모를 뿐이다. 무기물 기계에 대한 실현성을 주장하는 것은 아이작 아시모프[12]에게는 문제되지 않지만, 잘 입증된 사례가 존재하지 않을 때 과학자들에게는 아무

______

12) 미국의 생화학자이자 공상과학소설가. 〔역주〕

래도 기이하다. 결국 온갖 종류의 정신 상태——기분, 정신적 에너지, 정서적 반응 등등——에 영향을 줄 수 있고, 주고 있는 복잡한 화학 작용을 하는 인간의 신체가 있다. 간단히 말해서 컴퓨터에게는 신체가 없다. 컴퓨터는 타인사이드(Tyneside) 컴퓨터라 할지라도 램톤 웜[13]처럼 여기저기 기어다니며 뉴스를 수집할 수도 없다. 우리는 강한 인공지능 컴퓨터에게 "그냥 거기에 앉아 있지만 말고 생명을 가지란 말이야!"라고 말할 수밖에 없다.

그럼에도 불구하고 전산과학은 엄청난 진보를 계속할 것이며, 기계의 행동과 인간과 기계의 상호 작용은 점점 더 복잡해질 것이라는 나의 생각에는 거의 의심이 없다. 일어날, 그리고 완전히 새롭고 아마도 예측 못한 긴급한 현상들을 초래할 국면 전환을 위해서, 계획되지 않았을지라도 피하기 어려운 불안정성이 어느 정도의 전산전 복잡함 안에 내포될 때 어떤 획기적 진전이 일어날지도 모른다. 그러나 이런 현상들이 인간의 사고력과 유사함을 암시하는 요소들을 갖고 있을지라도 그것들은 여전히 기계적인 현상들일 것이며, 물리과학의 나머지에 속하므로 비물활론적인 언어로 서술되어야 한다. 물리적 세계에 대한 서술에서 과학은 오래전에 은유를 사용하지 않고 활력론과 관계하지 않기로 결심했다. 만약에 컴퓨터 특수 용어도 마찬가지라면 "기계가 생각을 할 수 있을까?"라는 질문은 생기지 않을 것이고, 그러면 인공지능 공동체는 다른 사람들을 혼란스럽게 하지 않고도 흥미진진한 연구 계획을 진척시킬 수 있을 것이다.

사실 그 질문은 단순히 강한 인공지능의 몇몇 관점에서는 발생하지 않는다. 의식은 지적인 임무 수행과는 전혀 무관해 보인다. 인간이 의

---

13) **Lambton Worm**: 십자군 시대를 배경으로 한 영국 구전 민요 속의 괴물. [역주]

식을 소유하는 것은 그 대단히 다재다능한 능력들과 무관한 부수 현상적인 기이함이다. 이 능력들은 뇌의 복잡한 상호 통신 능력과 활동 때문에 존재하는데, 둘 다 아무런 의식의 도움 없이 행동한다. "기계가 생각을 하는가?"라고 묻는 것은 부적절하다. 기계는 뇌처럼 계산상으로 기능적인 존재이다. 따라서 기능성은 그것이 존재하는 곳에 있다. 정신 상태는 단순히 뇌의 물리적인 상태와 인과적으로 관계된 전산 기능 상태이다. 데이비드 차머스는 이를 악물고 견디며 전 과정을 마친다. 만약 전산 기능 상태가 의식을 허락한다면 어떤 기능 상태는 왜 안 그러겠는가? 그러므로 기능을 갖는 어떤 기계는 어느 정도 의식이 있다. 온도 조절 장치는 의식이 있는 존재이다. 자동차도 그렇다. 글쎄, 물론 자동차는 그 고유의 개성을 갖고 있음을 우리 모두 내심 알고 있다. 안 그러면 우리가 왜 용기를 북돋우는 말로 냉기 도는 엔진을 어르거나 자동차에 이름을 붙이거나 타이어가 펑크 났을 때 그 제멋대로임에 격분하겠는가? 우리 모두 주방의 기계들이 다정하거나 철저히 악의에 찰 수 있음을, 보일러는 신경질적이고 CD 플레이어는 신뢰할 수 없음을 알고 있다. 이제 많은 사람들이 갖고 있는 현실에 관한 이러한 견해를 뒷받침하는 이론이 있음을 아는 것은 위안이 된다. 그러나 주의를 끄는 것은 한눈에 봐도 과학이 3세기 전 마법 세계로 개념적으로 얼마간 회귀한 것이다. 그러나 꼭 그런 것은 아니다. 차머스의 주목할 만한 견해는 범신론의 찬양이라기보다는 강한 인공지능 전통 안에서 정신 구조를 평가 절하하는 성격을 띠고 있다. 의식의 존재는 중요하지 않다. 그것이 갖는 모든 과학적 의미를 위해 그것은 자동차 보닛 아래 틀어박혀 있을 수 있다.

그렇다고 해도 의식의 존재라는 사실은, 몇몇 정신과학자들에게서 그것이 사라져 버리기를 바란다는 인상을 받기는 하지만 사라지지 않을 것이다. 뇌의 시간 상수——반응 시간, 기억력 등——에 초점을 맞추는 것은 다행히 의식적인 행동을 고려하지 않는다. 의식의 존재가 다윈설에서 생존에 유리한 것으로 진지하게 받아들여질 때조차 의식 과학에서의 시도는 언제나 신경학으로 귀착된다. 우리가 색깔을 경험하는 것은 태양의 분광과 관계되며, 모든 감각에 있어서 정해진 뉴런들을 자극함으로써 일어난 정해진 세포들의 활성화를 통해서 실현된다. 틀림없이 복잡한 뉴런과 신경화학의 작용 양식을 시벨리우스의 6번 교향곡을 듣는 내 경험과 관련시켜 확인하고 서술하는 것이 가능할지라도 필시 과학적일 서술 언어는 의식적인 경험을 포착하는 일에 근접하지 않을 것이다(그것은 어떤 언어로든 상당히 어렵다). 다른 것은 그렇다고 해도 그것은 단순히 잘못된 위계 수준이다. 그것은 쿼크에 의해 트랜지스터의 작업을 서술하려는 시도와 얼마쯤 유사하다. 비록 쿼크의 세계가 개념상 모든 고체물리의 기초가 되고 그것을 고취할지라도 어떤 쿼크와 글루온, 양자 색층 분석 이론가도 그런 용어로 고체물리 현상을 서술하는 일을 꿈꾸지는 않을 것이다. 비슷하게 뇌의 활동은 의식의 기초가 되고 의식을 주입하지만 신경학과는 아주 동떨어진 언어가 정신적 사건들에 대해 만족스런 서술을 해야만 한다. 나는 머지않아 과학은 뇌와 그 작용에 대한 상세한 기술을 전개할 것이고, 그것은 심지어 의식이 나타나게 할 특징들을 인지하게 할 것임을 의심하지 않는다. 그러나 만약에 뇌과학과는 성질이 다른 정신과학이 적어도 관련된 어떤 의미를 갖는다면, 그 언어는 물리학과 화학을 위한 수학적인 언어나 진화생물학이나 유전학을 위한 언어일 리가 없다. 그것은 예술과 인문학의 언어일 것이다. 그런 언어는 바로 그 목적을 위해 발달해 왔으며, 발달을 계속한다.

11

과학과 사회

변화 수단이 없는 상태는 보존 수단이 없는 것이다.

에드먼드 버크, 《프랑스 혁명론》

물리학과 화학은 소립자들의 군락, 주기율표의 원소들, 그리고 어떻게 원자가 상호 작용하여 분자를 형성하는지 밝혀냈다. 그것들은 고체와 액체의 특성, 또 개중 어떤 것이 불안정하고 심지어는 폭발성이 있는지 화학 반응의 선명한 스펙트럼을 서술해 왔다. 화학은 생명체의 복잡한 유기 분자들의 행동을 연구하기 위해 생물학과 결합했으며 생물학은 그 새로운 원자, 유전자의 특성들을 이해하기 시작했다. 과학은 유전자를 넘어서 엄청나게 복잡한 동물 행동과 궁극적으로는 인간 사회에 대한 연구로까지 뻗어나가고 있다. 그것의 성공, 야망, 그리고 무엇보다도 기술의 독특한 분위기를 매개로 한 문화에 대한 과학의 영향력은 모든 점에서 막대하다. 프랜시스 베이컨이 바랐듯이 그 모두 인류의 이익을 위한 것이 아닌가?

서양 사회는 대단히 빠른 회복력을 갖고 있다. 어떤 과학 기술이 들이닥쳐 번성한다. 이 사태가 오래 갈 것이라는 어떤 보장도 없다. 물리학으로부터 핵무기가 나오고, 화학에서 신경가스, 네이팜, 그밖에 다른 화학전의 구성 요소들이, 생물학에서 탄저 폭탄과 세균전이 나왔다. 고위층의 인간적 만행에 대한 오랜 역사적 증거를 생각하면(그리고 어쩌면 충만의 원칙을 생각하면) 그저 미래에 뭔가 끔찍한 일이 일어날 것을 기대할 수 있을 뿐이다.

문제가 되는 관심은 총체적인 경고이다. 북극해의 대륙빙이 얇아지고 있고, 빙하가 퇴각하고 있으며, 기상이 평소보다 더 변덕스러운 듯이 보이는 것은 확실하다. 이것은 일반적으로 추측하듯이 전 세계의 산업화 때문인가? 아니면 자연스러운 태양이나 지구의 주기 때문인가? 모르겠다. 지질학적으로 근래에 빙하가 전진했다 퇴각하고, 평균 기온이 섭씨 몇 도를 오르내리며 요동을 쳤으며, 겨우 수백 년 전에 미니 빙하 시대가 있지 않았던가? 그런데 우리가 정말 우려해야 하는가? 생물권은 안정에 이르기 위해 언제나 음(陰) 되먹임이라는 수단을 갖지 않는가? 그러나 인간의 기술적 진화에 수반해 일어났던 이산화탄소와 그 밖의 소위 온실 효과 가스들의 방출은 지구에 새로운 일로, 이것은 생물권에 의해서 극복되어야 하지만 알다시피 인간 사회를 희생하고 극복되어야 하는 기후상의 변화를 야기할지도 모른다는 것이 걱정이다.

새로운 걱정의 원인은 농작물의 유전공학에서 유래한다. 유전공학은 선택적 품종 개량이라는 이름 아래 가축의 질과 생산성을 개선하기 위해 오랫동안 진행되어 오고 있다. 우리가 그 산물을 소비할지라도 채택된 수단이 자연 그대로이고, 수준이 낮은 공업 기술이기 때문에 아무도 그것에 대해 걱정하지 않는다. 같은 이유로 아무도 식물의 교잡 육종을 수반하는 과학적 실험에 대해 걱정하지 않는다. 만약에 멘델이 완두콩으로 교잡 육종 실험을 하지 않았다면, 우리는 유전된 특성이 단순히 어버이의 특성이 혼합된 게 아니라 증명할 수 있게 독립된 고유한 성질의 결합임을 몰랐을 것이다. 유전형질은 연속체가 아니었다. 그것은 원자를 이용했다. 그리고 원자는 유전자였다. 그러나 탁 트인 경작지에서 자란 유전학적으로 변형된 곡물은 예측할 수 없는 결과와 함께 인근에 있는 자연(도태로 교배된) 곡물들과 가루받이를 할 수 있기 때문에 더욱 두렵게 생각된다. 유전학자 변형 곡물의 온 목적은 종을 개선하여 수확량을 늘리기 위한 것이라고 하는데, 그것은 세계의 굶주림을 줄이는 데 도움을 줄 수도 주지 않을 수도 있는 일(열의와 조직에 크게 좌우된다)로 영양 상태가 좋은 서양의 많은 사람들이 상상의, 그리고 어쩌면 실재하는 위험을 정당화시키기에는 충분치 않다.

인간 게놈 프로젝트, 곧 사람들이 갖고 있는 모든 유전자들을 탐색해 신원을 확인하는 것은 아주 무해하게 들리지만, 다양성을 제공하는 인간 사회를 대체적으로 내켜하지 않는 환원주의자의 열정을 가정하면 그것은 치명적이 될지도 모른다. 우선 그 프로젝트는 아마 지구상에 있는 모든 사람의 염색체 구조를 조사할 수는 없을 것이다. 우리 각자를 유일무이하게 만드는 유전자 구조의 건강한 다양성이 있으며, 따라서 그 프로젝트의 결과가 무엇이든 그것은 그 조사에 가담한 비교적 소수와 관계될 것이다. 나타날 유전자 지도는 인간이 무엇인지 보여주는 정수(精髓)로 열광자들에 의해 환호해 맞이하게 될 '인간 게놈' 의 위원회 같은 평균치일 것이다. 명백한 과학만능주의와는 별개로, 이 위원회 게놈이 기껏해야 불행한 것으로 간주되고 최악의 경우에는 비인간적인 것으로 간주되는 일탈로 표준을 정할 가능성은 있다. 최악의 오웰적 악몽 시나리오에서 일반적인 인간적이란 것이 무엇과 같은지에 기초해 새로운 법률을 공표하는 민주주의의 의회, 군국주의 국가의 임시 정부, 전체주의 국가에서의 그 시민의 등가물, 그리고 다른 곳에서의 독재자들을 상상할 수 있다. 인간 게놈 프로젝트는 충분히 지지될 가치가 있는 더할 나위 없이 야심에 찬 행동이지만 경계해야 할 부정적인 면이 늘 존재한다.

좀더 기괴한 최후의 심판일에 대한 불안은 그들의 이온 충돌기로 곤경에 빠진 저 매우 정력적인(그리고 몇몇에게는 지나치게 정력적인) 물리학자들에 의해 유발된다. 이온 충돌기로 말하면 중이온들(금의 이온 같은)을 사용한다. 미국의 브룩헤이븐 국립연구소에서 최근에 완성한 상대론적인 중이온 충돌기(RHIC)는 쿼크와 글루온의 전리 기체를 생산하기로 되어 있다. 세 가지 걱정이 있다. 일상적인 일들을 집어삼킬 블랙홀들을 발생시킬지도 모른다. 텅 빈 것과는 달리 양자 구성물로 가득 차 있고, 아마도 준안정 상태일 뿐인 진공은 전이를 안정 상태로 만들어 대파괴를 낳을지도 모른다. '왔다' '갔다' 하는 쿼크들은 상호 작용하며, 만약 음전기를 띠게 되면 핵에 붙잡혀서 음전기를 띤 물체로 전환되어서 원자의 존재에 분명 재난의 결과가 될지도 모르는 생소한 쿼크, 곧 스트렌젤렛으로 알려진 덩어리로 변할지도 모른다. 합리적으로 정당함이 증명된 믿을 만한 견해는 이 중 어떤 일도 일어나지 않으리라는 것이다. 그러나 언제 신경증에 어떤 이유가 있던가? 확실히 이 모든 과학 기술로 인하여 언젠가는 큰 재해가 일어날 수밖에 없다.

다른 한편으로 물리학은 우리에게 실리콘칩 · 화학 · 플라스틱과 생물학 · 항생물질학을 주었다. 우리 스스로는 순간적이고 마법적으로 다른 장소로 이동할 수 없지만 광전자 공학 체계는 우리에게 사실상 순간적인 원거리 통신을 주었다. 새로운 재료들은 연금술사들의 꿈을 훨씬 넘어서 우리가 편안히 날 수 있도록 허락했다. 신기계들은 별들을 언급할 필요없이 육체적인 고통을 경감시켰다. 자연은 우리가 인간적이라는 것, 너무나도 인간적이라는 것을 알기 때문에 냉소적인 미소를 보내며 나쁜 것과 좋은 것을 준다.

우리는 대담함과 소심함의 혼합물이다. 대담한 사람들은 과학이 부여하는 힘에 대해 아무 문제가 없다. 혼란이 일지만 바로잡을 수 있다. 소심한 사람들이 겁을 먹는다. 그들은 자기 스스로와 그들의 아이들, 그들의 애완 동물들을 위해 안전한 세계를, 달콤하고 밝은 세계를 바란다. 아주 과학적으로 유발된 변화는 위험하다. 그것이 어디로 이끌지 아무도 모르기 때문이다. 그들은 테니슨의 자연——이빨과 발톱이 피로 물든[1]——으로부터 가능한 멀리 떨어져 공정하고 올바르며 보호해 주는 사회에서 살고 싶어한다. 그들은 이상향을 꿈꾼다. 그러나 과거에 인문주의자들이 생각해 냈던 이상향들은 그것들이 다만 당대 사회의 희화만은 아니었을지라도 오늘날 이 시대에는 어쩐지 만족스럽지 않다. 그러면 과학은 어떤가? 만약에 과학이 무엇인가 정녕 유용한 일을 하고자 한다면 그것은 이상향을 설계할 수 있을 것이다.

이것은 과학으로서는 참으로 엄청난 명령이다. 사회는 당구공 같지 않으며 과학은 가치에 대해 아무 말도 할 수 없으므로 의미 있는 어떤 일을 생각해 낼 기회는 높지 않다. 그럼에도 불구하고 모든 감성을 떨쳐 버리고 과학이 어떻게 할지 상상해 보자.

이상향은 완벽한 국가에 대한 누군가의 개념이다. 과거의 그 모든 진보한 것들은 전제로 하는 영속성이 갖는 근본적인 결함을 경험했다는 것이 과학의 최초 생각이었을 것이다. 그러나 영속적인 것은 없다. 별들은 진화하고 신플라톤주의자들이 표현했음직하게 위가 그렇듯이 아래도 그러하다. 특징을 나타내는 시간 상수는——대략——별은 10^{10}년, 대륙은 10^8년, 인류는 10^6년, 문명은 10^4년, 개인은 10^2년, 경

---

1) 19세기 영국 시인 앨프레드 테니슨 경의 장편 만가 〈인 메모리엄〉에서 자연을 묘사한 구절.〔역주〕

제는 50년, 사업은 5년, 수확은 1년이다. 물질의 세계에 있어서조차 열역학적 평형 상태는 결코 도달할 수 없는 이상이다. 일어나는 끊이지 않는 상호 작용이 안정된 상태에 도달하게 하는데, 거기에서 오직 제한된 기간 동안만 유지할 수 있는 상태인 균형을 끌어낸다. 같은 일이 생물학적 체계에도 해당된다. 과연 주기적인 행동, 발전과 쇠퇴의 순환이 장기적인 안정보다 더욱 특징을 잘 나타낸다. 왜 우리는 주기성이 토대를 이루는 이상향에 대한 시각에 의해 지금까지 위로받지 않았을까? 그러나 심지어 불변의 주기조차 그렇지 않을 것이다. 실제 역학 체계에서 기간은 흔히 바뀌어 때로는 더 길어지고, 때로는 더 짧아지며, 때로는 그 체계가 무질서해져서 많은 경우 발전의 경로를 예측할 수가 없다. 무엇보다도 사회는 정말 역동적인 체계이고, 다른 어떤 것만큼이나 진화와 심지어는 혼돈의 경향이 있다. 요컨대 어떤 이상향도 영속성을 지니게 되지 않을 것이다. 사회에 대한 어떤 시각에도 변화가 편입되어야 한다.

그러나 변화에 대한 생각은 체계를 세우는 사람에게는 저주이며, 그것은 많은 사람을 두려워하게 한다. 이를 피하기 위해서는 대가를 치러야 한다. 동양 종교의 많은 부분과 함께 플라톤과 엘리아학파는 변화를 환영으로 봤다. 실체는 영원한 형상, 곧 영구한 신의 역할이다. 중요한 것은 구원, 해탈, 신과의 합일에 이르는 개인의 경로이다. 유대교와 그리스도교 신비주의에서 신과 개인의 교감은 석판에 영원히 각인된 열 가지 행동 규칙과 그리스도교도들을 위한 새로운 사랑에 대한 영원한 훈계와 함께 중심이 된다. 이슬람의 종규 역시 영원을 위한 것이다. 모든 종교에서 변화는 당치 않다──진리는 오래전에 계시되었다. 사회적 제도는 그것이 무엇이든 카이사르의 것은 카이사르에게 돌리라고 할 수 있지만, 문제가 되는 것은 선과 악이 영원히 싸우는 우주의 전장에서 개인의 영혼과 그 구원이다. 변화를 본질적으로 환영으로 간주하는 것은 만약 이상향이 과연 기도된다면 그것은 이 세상이 아니라 다음 세상, 곧 천국의 형태가 될 것임을 암시한다.

자칭 사회개혁가들은 비록 인간이 존재의 의미를 필요로 함을 인정할지라도 이런 종류의 일에 관계하지 않을 수 있다. 아직도 18세기 유물론의 덫에 빠져 있는 고전적인 마르크스주의자에게 그런 필요는 잘못된 사회의 산물이다. 공산주의자의 정의와 행복과 번영의 황금 시대가 되면 사람들의 아편인 종교는 필요치 않을 것이다. 그들이 살고 있는 사회에 의해 철저히 결정되는 개인은 종교에 대한 필요를 상실할 것이다. 변화는 불가피하지만 일단 정부가 쇠퇴해 버리면 문제되지 않는다. 불변의 결정론적 법규를 준수하는 사회와 그 구성원들이 완벽한 화합을 이룰 것이기 때문이다. 그런 시각은 20세기 과학의 관점에서는 유지되기 어렵다. 20세기 과학 아래에서 유물론자가 되는 것은 아직 가능하다 해도 결정론자가 되는 것은 더 이상 가능하지 않다. 물질의 양자적 특성이 가장 근본적인 수준에서 비결정론적인 세계를 드러낸다. 고전물리학의 세계에서조차 그 움직임이 정확한 예언을 허용하지 않는 역학적인 체계는 있었다. 그리고 만약 이것이 뉴턴의 역학에도 해당된다면, 인간 사회같이 복잡한 체계의 경우 상황이 얼마나 더 심각하겠는가.

일반적으로 정치가와 사업가, 대담한 성품의 사람들은 어떤 행동에 있어서건 확신을 얻는 일이란 불가능함을 침착하게 직시할 것이다. 무슨 행동이 결국 충분하고 완벽한 지식을 근거로 수행되는가? 그러나 우리는 정의와 자유, 평등 민주주의, 위대함, 그리고 현 사회에 대한 불만과 더 나은 것에 대한 열망으로 이끄는 부족한 모든 것에 대한 이미지에 사로잡힌 사람들의 요구에 역점을 두는 이상향의 문제를 숙고

해야 한다. 어쩌면 이해할 수 있지만 이상적인 제도에 대한 생각에 가장 감동받을 것 같은 사람은 바로 사회주의자나 사회민주당원이다. 현 사회에 대한 불만에 기초하든 또는 면밀히 통제되지 않는 어떤 사회에 대한 공포에 기초하든 간에, 이상적이고 때로는 과학적으로 분류되는 해결책을 주창하는 마르크스 이후 좌파의 성향은 아마도 지칠 줄 모를 것이다. 일반적으로 그런 해결책들은 불가피하게 개인을 국가에 종속시키도록 이끄는 전제같이 자명한 전제로부터 추정되는 논리적이다, 합리적이다, 정확하다, 정당하다와 같은 형용사들에 의해 특징이 기술된다. 그리고 말할 필요도 없이 그 이상적 체계 안에서의 변화나 체계의 안정성에 대한 어떠한 분석도 결코 용인되지 않을 것이다.

그러나 비록 우파의 이상적인 제도들은 아주 다를지라도 좌파가 이 상향을 독점하지는 않는다. 말하자면 좌익의 이상향은 내재적인 반면 우파의 것은 초월적이다. 전자는 기본적으로 유물론적이어서 기껏해야 복리와 사법적·사회적 평등에 대한 일반 대중의 필요를 감지해 알고 있다. 후자는 유사 종교적이고 국가적이거나 인종적인 우월성의 개념에 의해 고양되며, 감지된 엘리트의 요구에 역점을 둔다. 우파는 좌파보다 분명히 덜 이성적이다. 그들은 건강과 고국에 대한 심층적인 감정으로부터 힘과 탁월함에 대한 존경과 잠재적으로 적의 있는 세계에 대항한 방어의 필요성을 의식하는 데에서 그 힘을 얻는다. 좌파를 자극하여 국제적이고 과학적인 사회 법규가 존재함을 납득시키는 전반적인 지적 원칙은 "삼라만상의 자연 질서"가 존재함을 직관으로 느끼는 데에 익숙한 우익에게 아주 낯설어 보인다.

내가 약술한 좌파와 우파의 노골적인 양극성은 1887년에 출판된 니체의 《도덕계통학》에서 노예의 도덕과 귀족의 도덕 중 하나를 생각나게 한다. 니체는 사회 도덕에 있어서의 기본적인 이분법을 기술하고,

그 기원을 군대의 정복과 관련시킨다. 한 나라가 다른 나라를 정복할 때 승리를 거둔 나라의 지휘자들은 귀족이 되고, 정복당한 나라의 일반 대중은 노예가 되었다. 귀족들은 자기들간에 명예와 용기, 육체적 무용, 노예들에 대한 경멸을 강조하는 도덕을 실천했다. 원한에 가득 찬 비참한 삶을 사는 노예들은 그들의 자존심을 지키기 위해서 귀족들보다 더 강한 힘과 상호 원조와 겸양, 고통의 미덕을 강조하는 도덕을 만들어 내야 했다. 요컨대 노예들은 귀족들이 한 일을 나쁘다고 규정 짓고 올바르고 공정한 사회와 내세에서의 보답을 꿈꾸는 그들 자신의 종교를 고안해 냈다. 어쩌면 그들의 취약한 조직 때문에 마침 귀족의 생활을 경멸한 귀족들이 다른 종류의 힘에 대한 가망성을 보고 노예들의 원한을 이해하여 성직자가 된다. 도덕의 기원에 대한 니체의 설명은 그리스도교 정신과 플라톤 및 칸트의 윤리학과는 큰 격차가 있다. 구분은 조야하지만 우리는 우리 사회에서도 건재한 주인의 도덕과 노예의 도덕의 개요를 인지할 수 있다.

한 사회 안에서의 변화는 과학 및 과학 기술에 의해서건 풍토적 또는 문화적 추이에 의해서 일어난 것이건 간에 모든 제도에 심각한 문제이지만 아마도 좌파들에게는 더욱 그럴 것이다. 고전적인 유물론은 자유 의지론 후까지 생존할 수 없다. 복리 국가의 공공 의료 시설은 더욱 정교하고 값비싼 의료 기술상의 혁신에도 아랑곳없이 그 고매한 목적을 주장할 수 없다. 복리 국가 자체는 높아져 가는 기대에 대처하기 어려움을 발견한다. 우파에게 있어서 그것은 변하면 변할수록 그대로인 경우이다. 결국 그 무엇도 구식의 보수적 가치들을 잠식할 수 없다. 오히려 그것들은 강화될 듯하다. 유행에 따라 사회를 어설프게 수선하는 일이 수세기 농안 이루어진 인간의 행동을 바꿀 수는 없다. 기술 혁신은 이용되어야지 두려워해서는 안 된다. 물론 사회적인 변화가 우파에게 거북할 수 있으나 근본적인 위협은 되지 않는다——엘리트는 공산주의 국가에서 상류 사회로서가 아니라 정당 지도자로서 계속해서 다스릴 것이다. 만약 변화에 저항한다면 최소한 일시적으로 좌도 우도 권위주의에 떨어질밖에 어떠한 선택도 없다. 그리고 권위주의의 궁극적인 표현은 전체주의 국가이다.

좌와 우의 정반대되는 개념이 편리하긴 하지만 그것은 정치의 파당적인 성격을 숨긴다. 정치적 당파의 어떤 행동이든 확대시켜 보라. 그러면 당파들 사이에서 발견하게 될 만큼 많은 적의와 더불어 좌와 우의 분류 표시를 초래하는 의견의 불일치를 발견할 것이다. 그리고 당파 내에 당파들이 있을지도 모른다. 불일치가 사실상 지적인 곳에서 분열적 특성이 잘 발전되고 잘 정의될 것 같다. 불일치가 감정적인 곳에서는 보다 덜하다. 이 기준에서는 좌파가 우파보다 더욱 분열적일 것 같다. 분열된 수는 당의 불화 정도를 나타내는 것으로 파악될 수 있다. 아주 단결된 당은 0, 잘 정의된 파벌에 의해 쪼개진 당은 1, 파벌들조차 의미심장하게 세분되었다면 2 등등. 하지만 이것은 견제이다.

우리는 이제 이상향에 유용한 것을 알 수 있다. 만약 변화를 두려워한다면 어떤 형태의 전체주의 국가가 바람직하다. 그것이 좌파일지 우파일지는 어쩌면 중요하지 않다. 그러나 그런 이상향은 생명이 없거나 차라리 활기가 멈춘 상태라고 이야기되어야 한다. 변화는 싫든 좋든 간에 올 것이며, 억압된 상태이면 파괴적인 힘으로 사회를 엄습할 것이다. 확실히 과학자로서 우리가 이것을 선택할 것을 권할 수는 없다고 생각한다. 그러나 그것은 우리가 새로운 이상향, 다시 말해서 시간에 좌우되는 이상향을 고려해야 함을 의미한다.

이것은 자연히 이상향에 대한 전통적인 관념을 말살한다. 불행히도 시간 의존적인 이상향 사상은 전체 취지, 즉 이상향은 이상적인 사회라는 것을 깨닫지 못한다. 그러면 현실은 그것과 무슨 관계가 있는가? 만약 삼라만상이 본래 시간 의존적이라면——그것들로서는 그만큼 더 나쁘다. 이상향이 될 수 있는 두 가지 것들——ou topos(없는 곳) 또는 eu topos(멋진 곳)——이 있을 뿐이다. 요구되는 것은 후자이다.

그러나 확실히 가능한 멋진 곳이 불가능한 곳보다 낫다. 멋진 곳에까지 정말 얼마나 가까이 갈 수 있는지 생각해 보는 것은 확실히 재미있다. 마지못해 과학이 계속해서 하는 대로 놔두었다고 가정하기로 하자.

한 사회의 시간 의존성은 변화가 지속적인 것이냐 갑작스러운 것이냐에 따라 두 범주에 드는 것으로 간주할 수 있을 것이다. 후자에는 쿠데타·폭동·전쟁과 자연 재해 같은 폭력적인 행동이 분류된다. 이상적인 사회는 그런 사건을 포함해야 한다고 생각하는 공상적 이상주의자들이 있을지도 모르지만, 확실히 어떤 사회도 그런 사건들이 일어날 가능성을 무시할 수 없다 할지라도 우리는 그것을 정말로 믿지는 않는다. 따라서 받아들일 수 있는 시간 의존적 이상향은 변화가 비교적 더딘 이상향이다.

변화는 두 종류의 혁신——개념적인 것과 기술적인 것——에 의해 연료를 공급받으며, 장기적(세속적)·단기적 그리고 주기적인 국면이 있을 수 있다. 개념상의 혁신은 인간과 인류를 평가하는 새롭고 발전적인 방법을 의미할 수 있는 세속적 변화로 이끄는 혁신이다. 이는 종교·철학·과학과 사회학으로부터 발생하며, 구체적인 형태로 양식화된 이상향을 알리는 것은 바로 이것이다. 인간이 자기 자신과 세계를 보는 방식은 자연히 그의 사회의 형태 및 기능에 영향을 미친다. 신이건 신이 아니건, 정신으로서의 인간이건 물질로서의 인간이건, 고정된 계급 제도나 유동적인 능력주의 사회, 인간의 권리, 삶의 기준에 대한 기대——그런 관념에 있어서의 어떤 변화는 강력한 역동적 실체를 구성해 일반적으로 한 세대를 넘어서까지 작용한다. 개념상의 혁신은 덜 유쾌할 수도 있고, 현재의 논제들에 더 초점을 맞출 수도 있다. 그것은 예를 들어서 집권당의 효력이나 호감이나 인기에 관한 관점의 변화 같은 것으로 민주 정치에서는 정부의 교체를 가져올 수 있다. 기술적 혁신도 마찬가지로 강력하다. 항해술·화약·증기동력·라디오·자동차·항공기·핵에너지·컴퓨터·우주여행·유전공학——모든 새로운 방법, 모든 새로운 고안물은 물리·생물학적 세계를 조종하는 우리의 능력을 증진시켜 새로운 자유와 새로운 문제들을 내놓는다. 기술적 진보——운송, 원거리 통신——의 총체적 성격에서 비롯된 하나의 귀결은 세계적이 아닌 이상향을 창조하기 위해서 자유의 정도에 이제 몇 가지 제한이 가해진다는 것이다. 전체주의 국가에서는 개념상의 변화를 금하려는 시도가 있을지도 모르며, 좀더 너그러운 민주 정치에서는 기술적인 변화가 없어졌으면 좋겠다고 생각하는 경향이 있지만 중력과 전자력처럼 실재하는 힘이자 바로 우주처럼 본질적인 것인 인간의 지력과 발명의 재주를 생각하면 둘 다 결국 아무 소용없을 것이 틀림없다.

시종일관하고 계획된 이상향에서 개념적이고 기술적인 혁신의 결과로서 일어나는 이 모든 역동적인 국면들을 편입시키려는 시도들은 애초부터 실패할 수밖에 없는 듯이 보인다. 그렇지만 그런 혁신의 세부 사항들이 무엇이든간에 제도상으로 문제가 되는 것은 정부의 형태와 정부가 변화를 다루는 방법에 대한 사람들의 반응임을 추측하는 것으로 시작할 수 있을 것이다. 여기에서 문제가 되는 원동력은 여론이며, 모든 시간 의존성은 여론의 변화를 통해서 발생하는 것으로 보일 것이다. 그러나 이것은 일종의 민주주의에서만 유효할 수 있으므로 우리는 이제부터 우리의 이상향은 민주국가라고 가정할 것이다. 우리는 또한 여론이 때가 지남에 따라 결코 원활하게 바뀌지는 않을지라도 어떤 시대에는 정부를 지원하다가 나중에는 그 정부에 반대하는 쪽으로 냉혹하게 기우는 추세를 드러냄을 추측할 수 있다. 젊고 순응력 있으며 책략이 풍부한 정부는 대중의 지지를 여러 해 동안 보유할 수 있을 것이나, 결국——모든 살아 있는 유기체가 그런 식이니——그 활력은 쇠하고 이상은 빛을 잃어가며, 피는 점점 식고 여론은 그로부터 등을 돌리게 될 것이다. 언젠가는 반대가 지지의 뒤를 잇는다. 영속적인 지지라는 이미지는 너무나 거짓말 같다. 모든 이상향이 지금까지 그런 암시를 하고 있을지라도. 그러므로 사람들에게 귀속된 고집의 정도를 우리가 얼마나 받아들이는지가 옛 이상향과 새로운 이상향을 결정하는 경계이다.

여론의 원동력은 정해진 빈도는 없을지라도 주기적인 변화로 이끈다. 비교다수 득표주의의 민주주의에서 우익으로 기운 정부 R이 온건한 대중의 지지로 당선된다. 이것은 처음에는 강력해질지 모르지만 결국 쇠약해진다. 결국 선거가 좌파 성향의 정부 L에게로 권력을 전임시키고 지지 양식 자체도 되풀이된다. 확실한 의견과 확실한 의견 변화를 권장하는 시간은 단연 우파 성향이나 단연 좌파 성향 정책이 추구되는 뚜렷한 기간들로 분할된다. 민주주의의 이상과 좀더 가까운 일치를 이루려는 시도가 있는 곳에서는 사태가 다르다. 비례대표제로 매번 선거 후면 불가피하게 행동에 오점을 남기며 연립으로 끝나려는 경향이 있다. 이런 조건하에서 의견이 확신에 차거나 효과적이기는 불가능하다. 이것은 선거에서 변화를 배제하거나 적어도 변화를 최소로 하는 중요한 결과를 갖는다. 불행히도 우리는 작은 변화가 큰 무관심을 발생시킬 수 있고, 그 역도 마찬가지라는 의미에서 선거에서 기대되는 변화의 양과 투표에 대한 무관심이 상호 보완적인 변수들임을 추측해야 한다. 작은 변화의 이득은 투표에 대한 무관심을 통한 민주주의의 궁극적 소멸에서 변상받아야 할 것이다. 즉 비례대표제는 민주주의를 절멸시킬 위험을 무릅쓴다.

민주주의에 대한 버크식의 이상은 선출된 대표자들에 의한 정부이지, 점점 흔해지듯이 선출된 대리인들에 의한 것이 아니다. 그러나 어쩌면 문자 그대로의 민주주의 사상은 그 안에 자기 자신의 파멸의 원인이 되는 암적 요소를 지닌다. 투표를 전자적으로 기록함으로써 각자가 모든 쟁점에 대해 투표를 하게 하는 기술적인 혁신을 생각해 보라. 이것이 진정한 민주주의 아닌가? 그러나 통치는 계속적인 행동으로, 극단적으로 해석하면 우리는 찬부 양론을 가늠하는 동안 투표 버튼 위에 손가락을 올려 놓고는 오직 통치만 할 수 있을 뿐임을 암시한다. 그러나 만약 우리 모두가 그렇게 한다면 다른 통치 행위는 없을 것이다. 그렇다면 민주주의의 대가는 무엇인가? 물론 이것은 터무니없는 생각이다. 새로움이 점차 사라져 버리고 난 후 사람들은 그들의 투표 버튼을 무시하고 삶을 계속할 것이다. 오직 정치적으로 야망이 있는 사람들이나 정치적으로 동기 유발된 사람들만이 계속해서 연루될 것이지만 그들은 언제나 연루되어 왔으며, 따라서 그 점에 있어서는 아무런 변화도 없을 것이다.

그러면 그것이 이상향 문제와 함께 우리를 남겨 놓은 곳은 어디인가? 우리는 우리가 규정한 제도가 무엇이든 사실상 예상하기 불가능한 개념적·기술적 혁신에 적용할 수 있어야 함을 보았다. 어떤 정밀한 계획도 가능하지 않다. 어떤 민주주의는 전체주의보다 더 나은 듯이 보이지만 그것은 필시 세계적이어야만 할 것이다. 변화에 대항한 안정성의 문제만이 남는다. 전체주의 국가의 엄격한 통치 양식은 궁극적으로 불안정함을 우리는 이미 인지했다. 이에 대한 한 가지 이유는 온건한 통치 양식에서조차 사회가 더욱 조직화되고 엄격할수록 변화가 더 눈에 띈다는 것이다. 엄격하지 않은 자유로운 사회에서는 변화가 전복시킬 것이 없다. 물리학에서의 유추는 열역학 평형에서 나타나듯이 최대한의 무작위 운동 체계, 최대한의 무질서 체계이다. 변화가 질서에 영향을 미친다. 질서가 덜 잡힌 채 시작될수록 효과도 덜하다. 우리의 이상향은 사회적으로 유용해 보이든 아니든 최소한의 사회질서와 조화하는 모든 있을 법한 인간 활동은 장려되는 이상향이어야 한다는 것이 여기에서의 교훈이다.

이 이상향은 불행히도 또 의외랄 것도 없이 안전하고 공정하며 관심을 기울이는 사회에 대한 욕구에 의해 유발된 모습과는 큰 격차가 있다. 그것은 서구 민주주의처럼 보이는 것이 아닌가 의심스럽지만 거의 확실히, 계획 경제보다는 안정성을 최대화하는 자유방임 경제와 함께 복리보다는 변화에 대한 적응성을 강조한다. 그것이 불안하거나 불공정하거나 부주의할 필요는 없으나, 우선 활발하게 살아 있으며 병약한 유기체가 아님을 확실히 해야 한다.

그리고 그것은 과학에 관한 한, 또는 적어도 이 과학자에 관한 한 도움이 될 관심사이다. 이상향, 즉 멋진 곳의 개념에는 너무 벅차다. 앞에서 주어진 예리한 분석은 자연히 요점을 벗어난다. 열망은 신화를 위한 것일 뿐이다. 현실, 즉 소득과 부채의, 질병의, 불의의, 효율의, 관리의, 변화의 세계는 간섭해서는 안 된다. 과학은 이런 성격의 문제들을 당연히 잘못 이해한다. 우리가 처음에 그렇게 이야기했는데 우리가 옳았다. 과학은 이상 사회에 관한 조언을 구하기에 가장 부적당한 학과이다.

12

과학과 예술

우리 아버지 아담은 나무 밑에 앉아서 땅에다 작대
기로 휘갈겨 썼다. 그리고 세상이 본 최초의 조잡한
사생화는 그의 가슴 벅찬 기쁨이었다. 나뭇잎 뒤에서
악마가 "예쁘다. 그런데 그게 예술이냐?"라고 속삭일
때까지는.

러디어드 키플링, 《작업장의 수수께끼》

예술이 많은 것들 중에서도 특히 사물에 대한 우리 느낌의 성격을
연구한다 하더라도 얼핏 보기에 그것은 자연에 대한 총괄적인 연구인
과학과는 본질적으로 다른 듯이 보이는 연구이다. 몇 가지 방식으로
예술과 과학은 전자는 자기 인식을, 후자는 공개적인 지식을 조명하
는 같은 동전의 반대되는 면으로 보일 수 있다. 비록 드러난 진리는
아주 다른 문제일지라도 우리와 우리의 정서가 그 일부를 이루는 자
연계에 관한 지식은 그 둘을 잇는다. 그러나 이런 종류의 연결에는 주
장할 필요가 없는 공리적인 풍미가 있다. 동시에 특별한 의미를 갖는
어떤 것을 창조해 내는 흥분과 즐거움도 있다. 그것이 그림이든 연구
보고서이든 간에——둘 다 창조 작업이 갖는 강렬하고 독특한 만족
을 주는 힘이 들고 무척 재미있는 활동이다. 이 점에 있어서 실험실과

작업실은 많은 공통점이 있다.

그러나 공통점이 무엇일지 강조함에 있어서 우리는 과학자들에 의해 종종 행해지는, 예를 들어서 전자 현미경에 의해 초래된 자연의 아름다운 그림이나 차원 분열 도형 수학의 로라 애실리[1] 무늬를 지적함으로써 예술가들의 주의를 끌려고 하는 애처로운 시도들을 정말 피해야만 한다. 그들은 "보세요. 과학이 그렇게 따분하지만은 않아요. 과학은 예술적이기까지 한걸요"라고 말하는 듯하다. 이런 유의 일은 예술가를 곤혹스럽게 하고, 과학자들은 교양 없는 자들이라는 그들의 지론을 강화할 뿐이다. 현미경이나 수학에 의해 생성된 그림은 예술이 아니다. 그들이 그렇게 주장했다는 것은 적어도 그것들이 과학자에게 일종의 심미적인 반응을 불러일으켰다는 증거이다. 그렇다고 그것들을 예술로 만들지는 않는다. 정녕 세상의 그 무엇이라도 심미적인 반응을 불러일으킬 수 있다. 개인적으로 나는 내 컴퓨터 회로를 인쇄한 것이 보기에 아주 아름다움을 발견했다. 이상하게 형체를 이룬 나무가 색다른 느낌을 불러일으킨다는 생각을 안해 본 사람도 있는가? 심미적 반응과 예술은 별개이다.

모두가 동의하지는 않을 것이다. 물론 인쇄된 회로는 어쨌든 어떤 유의 예술의 산물이다. 물론 그것은 아주 맞는 말이지만 직공의 솜씨는 결코 예술이 아니다. 그것은 기능이다. R. G. 콜링우드는 그 둘을 통찰력 있게 구별했다.[2] 예술과 기능의 근본적인 차이는 기능은 그것이 어디에 소용될지 알고, 예술은 모른다는 것이다. 장인이 무엇인가를 만들기 시작할 때 그는 그것이 무엇인지 알고, 그가 언제 그것을 만들

---

1) 파스텔 색조의 전원풍의 꽃무늬, 면제품으로 유명한 영국의 의류 및 생활용품점.〔역주〕
2) R. G. Collingwood, *The Principles of Art*(Oxford, 1938).

었는지 안다. 예술가는 계획을 하고 개략적인 목적을 갖고서 부득이하게 많은 기능을 사용할지 모르지만, 그가 완성했을 때에야 자신이 무엇을 창조했는지 안다. 기능에는 없는 이러한 발견의 요소가 예술에는 있다.

이런 점에서 예술은 과학과 유사하다. 예술은 선택한 매체——물감·돌·단어·소리——를 솜씨 있게 다루는 것을 매개로 한 발견을 목표로 한다. 과학의 매체는 좀더 추상적——실험·수학——이지만, 그 목적은 발견이다. 예술처럼 그것은 어디에 이르게 될지 정확히 모른다. 기능의 작업은 실험 계획과 실행으로 통한다. 그 목적은 무엇인가 새로운 것을 드러낼 어떤 현상을 좀더 탐구하거나 이미 존재하는 이해와 지식을 심화시키는 것이다. 수학적인 기능은 실험 자료를 정밀히 요약하고 새로운 이론상의 구조를 발견하는 데 이용될 수 있다.

기능과 기술은 예술에도 과학에도 늘 존재하나 많은 경우 그밖에 다른 것은 거의 없다. 통속적인 예술뿐 아니라 통속적인 과학도 진기하지 않다. 저열한 통속 예술에서부터 고급 예술까지 뻗은 끊이지 않고 이어진 스펙트럼이 있다. 과학에 투자하기 위해 설립된 단체들은 당연히 동일한 것에 더 투자하고 싶어하지 않지만, 그들은 너무 동떨어진 계획에도 감히 자금을 대지 않는다. 과학은 확증된 기초에 세워진다. 이렇게 해서 적어도 영국에서는, 일종의 과학만능주의에 빠져 그 가장 중요한 미덕이 새로움인 듯만 하면 작품에 투자를 하고 상을 수여하는 것으로 보이는 예술을 지원하는 유사한 단체들과는 다른 것처럼 생각된다. 만약 이전에 행해진 것이 아니고, 후보자가 그것이 예술이라고 말하면 그것은 훌륭해야 한다는 것이 신조이다. 그러나 예술은 과학처럼 확고한 기초 위에 세워져야 한다. 과거에 아름답다고 생각되고 여전히 아름답다고 간주되는 것은 현재 독창성이 충만할 것이고, 또 아마도 그래야 할 것이다. 현대의 건축과 예술의 많은 부분은 전반적으로 저 개인주의에의 탐닉이라는 생각과 새로움의 추구를 포기했다. 다행히 과학적 경험의 본질은 그런 유의 타락을 사실상 불가능하게 만든다.

예술이 발전하려면 과학처럼 종교로부터 자유로워져야 한다. 예술의 역사는 과학의 역사만큼이나 매혹적이다. 원근법의 발견과 그것을 묘사하는 기법, 성화상(聖畵像)으로부터 실물 인간, 실제 사건, 실경(實景)으로의 이동은 점성술에서 천문학으로 벗어나는 과학과 유사하다. 과학처럼 예술은 자연을 발견했다. 벨리니의 마돈나는 우리가 만날 수 있을지도 모르는 여자이다. 카르파초의 군중들은 우리가 알지도 모르는 사람들로 가득하다. 네덜란드의 풍속화는 때때로 우리가 알고 싶어 하지 않을지도 모르는 사람들을 우리에게 보여준다. 베르메르는 그림물감으로 그린 제인 오스틴이다. 레오나르도 다빈치의 〈모나리자〉처럼 초상화 뒤에 숨어 있는 선명하지 않은 풍경이 코로와 클로드 · 컨스터블의 작품들에서 갑자기 튀어나온다. 19세기까지는 과학도 예술도 서로 다른 자기들 방식으로 자연을 탐구하고 있었다고 이야기될 수 있을 것이나, 그 다음에 예술이 싫증을 느꼈거나 어쩌면 양자역학의 분명치 않음을 예감하고 자연의 인상을 나타내고, 또 감정을 표현하는 것으로 옮아가기로 결정했을 것이다. 아마도 과학의 성장과 효력이 예술로 하여금 과학과 예술의 차이를 강조하기 위해서 좀더 주관적인 요소에 집중할 수밖에 없게 했을 것이다.

"무엇이든 괜찮다"는 상대론적인 운에 볼모잡히는 경향이 있는 예술의 특징 중 하나는 과학보다 훨씬 더 정의(定義)를 허용하지 않는 듯이 보이는 점이다. 하나의 예술 작품을 구성하는 것이 무엇인지에 대한 정의가 필요하지도 않고——좀더 적절하게는——충분한 정의도 없다. 우리가 그것을 볼 때는 안다고 믿지만 포괄적으로 그것을 정의할 수는 없다. 과학의 충만한 합리성이 그래야만 함을 암시할지라도 이 점에 있어서 근본적으로 아무런 차이도 없지만, 과학은 "무엇이든 괜찮다"는 상대주의 쪽으로 훨씬 덜 기운다(몇몇 사회학자들의 생각은 제외하고). 일정한 지점을 넘어서면 예술과 과학을 포함해서 어떤 인간 활동에 대한 엄격하고 포괄적인 정의를 찾는 것은 솔직히 재미없고 확실히 비생산적이다.

이와 관련한 난점은 예술이 무엇에 관한 것이든 그 매체로부터 분리될 수 없다는 것이다. 이탈리아 르네상스의 색채, 프랑스 인상주의자들의 필법, 현대 예술의 추상주의 작품은 회화는 그것이 무엇을 표현하는지에 관한 것인 만큼이나 채료(彩料)에 관한 것이라는 사실을 시사한다. 조각을 함에 있어서 대리석으로 된 인물은 청동으로 만든다면 똑같지 않다. 시에서는 단어 자체가 그것들이 의미하는 것만큼이나 중요하다. 음악은 좀더 강력한 사례들을 제공한다. 베토벤의 둔주 4중주와 현악 오케스트라로 편곡한 작품을, 또는 쇤베르크의 〈정화된 밤〉과 피아노 트리오로 편곡한 작품을 비교해 보라. 매체 자체가 예술의 일부이다.

확실히 이것은 과학의 입장은 아니다. 그런데 그것이 사실인가? 과학이 자연에 대해서 만큼 실험 방법과 수학에 대해 중요할 수 있을까? 분명히 서로 다른 과학의 양식들이 있다. 내 분야에서는 세제곱밀리미터의 고체 미립자들 사이에서 진행되는 대단히 복잡한 무수한 물리적 상호 작용이, 처리할 수 있는 어떤 수학적 서술도 근사치에 크게 의지할 수밖에 없게 한다. 근사치의 예술(또는 차라리 기능!)을 극한까지 가져가는 것은 다소 간단한 수학 방정식의 형태로 현상 전체를 분석적으로 서술할 수 있게 할지도 모른다. 대신에 훨씬 수가 적은 근사치를 선택하고 컴퓨터를 사용해 특정 사례를 숫자상으로 기술할 수 있다. 숫자 처리는 원칙적으로 더욱 정확하지만 그 결과는 특수한 상황에만 적용될 뿐이다. 분석적인 방법은 일반적인 기술을 제공하지만 덜 정확하다. 이상적인 일은 둘 다 하는 것이지만 그런 사례가 얼마나 드문지 아마 놀라울 것이다. 물리학자들은 기질적으로 한 접근법보다 다른 접근법으로 기우는 듯이 보인다. 그렇다고 하더라도 결과는 그 결과를 얻게 된 방법과 분리될 수 없다. 과학은 확실히 자연에 관한 것인 만큼이나 숫자 처리나 분석에 관한 것으로 보인다.

실험 방법의 선택이 양자 현상에 대한 조사에서보다 더 중요한 곳은 없다. 한 체계의 소립자 같은 특성들을 측정하기 위해 계획된 실험 장치는 소립자 같은 결과를 산출할 것이다. 같은 체계의 파동 같은 특성들을 측정하기 위해 계획된 것은 파동 같은 결과를 산출할 것이다. 여기에서 매체——실험 방법——는 결과만큼이나 중요하다. 기초 이론에서의 매체의 역할——이론적 접근법——도 마찬가지로 중요하다. 빛의 속도를 자연의 기초 상수로 취하는 것은 중력을 곡선 모양의 시간-공간으로 전환하는 원인이 된다. 공간을 평평하고 유클리드식으로 유지하는 것은 중력을 복원시키지만 중력이 빛의 빠르기를 바꾸게 한다. 우리의 자연 그림은 매체에 좌우된다. 소립자들은 점 같거나 줄 같은가? 3차원의 공간과 1차원의 시간밖에 없는 것인가? 상상의 시간을 선택함으로써 우주 생성 때의 대폭발 문제를 해결할 수 있을까?

이러한 과학의 변경(邊境)에서는 매체와 그것을 다루는 일이 중심이 되며, 과연 이 부분에서의 실제 과학을 구성한다. 누구든 각각 그 고유의 노선, 변경에서 과학의 의미에 대한 그 고유의 해석을 공표하는 학파의 기원을 보기 시작한다. 양자 이론에서 인과론적인 해석은 본래 고전적인 형식, 즉 추상적 형식의 수리논리적 해석을 환기시킨다. 그것은 코펜하겐 해석을 인상주의로 보도록 파격적인 취급을 하고 있을지도 모르며, 다세계 사상으로 말하자면——누가 알겠는가? 우주 생성 때의 대폭발 후 처음 1천조분의 1초쯤으로 때맞춰 돌아가는 일에는 놀라운 이론들의 창조를 자극하는, 말하자면 점묘주의가 선(線)주의에 양보하는 신비한 느낌이 있다. 원근법은 더 이상 3차원이 아니고 차라리 다차원적이다. 자연 그림들은 그에 따라서 변한다.

그러므로 매체가 규정하는 역할을 하는 한 과학이 예술과 아무런 차이도 없게 되는 경우가 있다. 그러나 그런 실정일지라도 궁극적으로 흥미로운 것은 바로 아무리 매체에 시달릴지라도 과학과 예술이 이야기하는 것이다. 과학은 우리에게 물리적인 세계에 관해 이야기하려고 하며, 기술이 증명하듯이 명백히 성공적이다. 예술이 무엇에 관한 것인지는 보다 덜 분명하다. 콜링우드와 다른 사람들의 설득력 있는 견해에 의하면 예술은 감정 표현과 동시에 감정의 **드러냄**과는 성질이 다른 감정의 **의미를 밝히는 일**을 포함한다. 그러나 감정은 예술이 관계하는 것이 결코 아니다. 세계에 대한 지각이 있고, 이것은 주로 감정에 의해 움직이지 않을 수 있다. 감정이나 지각의 정확한 성격은 작품의 완성과 동시에 분명해지며, 이런 식으로 예술은 자각의 원천이 된다. 그림이나 시가 완성될 때 발견이 이루어진다. 때로는 발견할 것이 더 있다는, 무엇인가가 거기에 없다는 느낌을 떨쳐 버릴 수 없을지도 모른다. 세잔이 생-빅토르 산에 매혹된 것이 그런 종류의 무엇인가를 암시한다. 그러나 또다시 과학에서와 유사한 것이 있다. 연구보고서가 작성되기까지 과학적인 발견은 엄밀히 공식화되지 않는다. 작성하는 일이 그것이 근거하는 연구만큼이나 과학의 일부가 된다.

어쩌면 뜻밖이랄 것도 없이 둘 다 더 나아간 지식——전자는 감정적이고 심미적인 반응들을, 후자는 자신의 자아 밖의 것들에 대한 지식을 공유하는 예술과 과학의 여러 국면들이 있는 듯이 보인다. 그러나 그것들이 다른 결정적인 하나의 국면이 있다. 예술 작품은 유일한 것으로 다른 형식으로 바꿀 수 없다. 그것은 있는 그대로이다. 그것은 인간 상태에 대한 찬양이다. 예술 작품과 심미적 경험의 원천은 많고 그 각각은 유일하며, 비교와 평가를 허용하는 것, 요컨대 객관적인 틀 속에서 심미적 경험을 명확히 표현하는 것을 허용하는 것은 바로 이 복수성이다. 과학적 연구는 사소한 의미가 아니면 특정한 이 과학자(또는 요즈음 더 그럴듯하기로는 이 특정한 과학자들의 팀)가 실재로 그것을 했다는 것이 아니다. 그것은 다른 누군가에 의해서도 행해질 수 있었을 것이며, 필경 표현과 강조점은 달랐을 것이지만 과학을 구성하는 것은 서로 다른 형식들을 초월하는 본질과 더불어 보편성이라는 특성을 갖는다. 시에서 단어 하나를 바꾸라, 그러면 그것은 다른 시가 된다. 붓자국을 더하라, 그러면 그림은 다른 그림이 된다. 이것이 예술의 특징이다. 그것은 과학의 특징은 아니다.

문제의 진상은 세계가 독특한 그 구성 분자 및 사건들과 더불어 본질적으로 과학보다는 예술과 더 비슷하다는 것이다. 그 독특함은 우리 자신에게서 가장 분명하며, 우리는 우리의 독특하고 복잡한 성격에 관해 우리에게 무엇인가 이야기하기 위해 예술에 의지한다. 우리가 우리 자신 밖을 볼 때 세상의 무한한 다양성에 당황하며, 그 복잡함을 과학이 사물을 기술하는 방식으로 합리적으로 기술된 단순하고 반복 가능한 사건으로 마음속으로 변형시킴으로써 그것에 대처할 뿐이다. 이런 식으로 예술과 과학은 서로를 보완한다.

심미적인 법칙들이 과학 자체에도 가득 퍼져 있음을 망각해서는 안 된다. 자연계에 대한 순이론적인 서술은 가능한 한 대단히 우아하고 경제적이며 평이하게 실행된다. 컴퓨터 화면에 어울리게 채색된 차원 분열 도형 문양은 보기에 예쁠지 모르지만, 그 우아함은 그것들을 산출하는 단순한 수학 방정식 안에 있다. 수많은 전자적이고 자기적인 현상은 맥스웰이 발견한 단 4개의 방정식으로 요약될 수 있으며, 이것들은 특수 상대성 이론에서 단 하나의 방정식으로 풀 수 있다. 그 단 하나의 방정식 속에 존재하는 힘은 외경심을 느낄 정도로 아름답다. 과학의 본질이 예술처럼 미학은 아닐지라도, 그럼에도 불구하고 과학은 미학에 무관심할 수가 없다. 예술과 과학의 유사점도 매혹적이지만 그 차이점 역시 그러하다.

13
과학과 감성

문화에 관한 가장 훌륭한 발견은, 개인이 자기 내부에서 그곳을 다스리는 이질적인 두 힘을 찾아내는 때에 이루어진다. 누군가를 가정하는 일은 과학 정신에 도취되는 것만큼이나 조형력 있는 예술이나 음악과 사랑에 빠지는 것이며, 그는 하나를 없애 버리고 다른 하나에게 자유로운 지배권을 부여함으로써 이 모순을 해결하는 것은 불가능하다고 생각하여, 그가 하는 유일한 일은 자기 자신이, 발생할 수 있는 어떤 다툼을 진정시킬 힘과 권위를 갖는 중재하는 힘이 두 힘 사이에 존재하는 동안 그 둘을 양쪽 끝에라도 수용할 수 있는 대단히 큰 문화 회관이 되게 하는 것이다.

니체, 《인간적인 너무나 인간적인》

인간은 징녕 황량힐 짓이다.
만약 추리력이 잘못된 결론을 내려
눈을 멀게 하고 귀가
마음과 대화할 통로를 막아 버린다면.

워즈워스, 〈우주의 목소리〉

요약할 시간이다. 이 책은 과학에 관한 것이었다. 과학의 역사에 관한 것, 마법으로부터의 탈출, 수학과의 관계, 그리고 과학만능주의를 불러일으키는 경향에 관한 것이었다. 그 결론은 다음 의미로 요약될 수 있을 것이다.

1. 과학은 근본적인 한계를 갖는다. 가장 중요한 것 중에는 그것이 의식과 윤리학·예술·종교에 관해 흥미로운 이야기를 할 수 없는 것이다. 과학이 이들 주제에 관해 흥미로운 것을 이야기할 수 있다는 믿음은 과학만능주의이다. 그것은 엄청난 범주 오류에 기초하는 완전히 잘못된 믿음이다.

2. 초자연적이고 미신적인 케케묵은 생각에서 자유로운 마법인, 영이나 신의 힘을 빌리지 않고 행하는 자연 주술은 아직도 인간 세상의 의미심장한 부분이다. 그것은 독특한 방식으로 상상력을 자극하며, 사람들을 '움직이는' 실질적인 힘에 의해서 종교와 예술 심지어는 과학에 활기를 돋운다.

3. 과학과 문학이라는 두 문화의 분할은 한편으로는 과학, 그리고 다른 한편으로는 예술의 기본적인 상호 보완성을 인정함으로써만 이어질 수 있다. 과학은 예술과는 달리 오로지 공공연한 지식만을 다룰 뿐이다. 예술은 과학과 다르게 자기 인식을 다룬다.

내가 아는 약하거나 온건한 또는 강한 과학만능주의의 사례들은 의미심장하게도 모두 과학 안에 있다. 수반하는 가정은 과학이 다룰 수 없는 것은 무엇이나 무의미하다는 것이다. 적어도 우리 현대에 과학 외부의 학자가 밝힌 그같은 견해를 발견하는 일은 뜻밖일 것이다. 그러나 과학의 힘에 감동받은 것 같다 할지라도 만약 사람들이 그에 대해 생각했다면 그것은 아주 대다수의 사람들 가운데 무척이나 일반적인 믿음일지도 모른다. 그것은 심지어 몇몇 지식인들에 의해 조금은 경솔하게 고집될 수도 있을 것이다. 과학은 극단적으로 강하다. 그것

은 또한 대부분에게 낯설다. 대부분의 사람들은 전문적인 지식이 없어
도 그림과 음악·조각·연극·문학을 이해하고 즐기며, 심지어는 분
석할 수도 있다. 그런 것들은 즉시 이해하기 쉬운 반면, 과학은 그렇
지 않다. 과학은 과학자들과 어쩌면 소수의 철학자들을 위한 것이다.
그밖의 사람들에 대해서 과학은 일종의 혐오증을 갖고 대할 것 같다.

결국 사람들은 과학보다는 문학에 의해 서술된 세계에서 살고 있
다. 다음 주제 목록을 보라.

과학	문학
소립자	직관과 성숙
우주론	부모와 자녀
물질의 구조	남자와 여자
화학 처리 방법	개인과 사회
유전학	소수 집단 체험
식물학	예술가와 예술
해부학·생리학 등	자연의 질서
동물 행동	비범한 사람과 기발한 사람
인류학	공포와 폭력
심리학과 사회학	노화와 임종
의학	해학

과학과 문학의 대단히 다른 성격이 두드러진다. 연구의 주제가 무엇
이든 과학은 모든 힘과 한계를 다해 그 방법들을 적용해야 한다. 그
때문에 어떤 연구의 결과는 모집단과 관계되며, 결코 개인과는 관계
되지 않을 것이다. 반면에 문학은 아무런 형식적인 방법이 없어 그 가
치는 오직 저자의 재능과 통찰력에 의해 제한되지만 일단 이야기를 하
면 그것은 개인에 관해 이야기하고, 또 개인에게 이야기한다. 심리학
과 사회과학이 예술과 예술가 또는 개인과 사회를 연구할 수도 있지

만 그들의 결론은 선택된 예술가들이나 개인들의 특별한 집단에 관계할 것이며, 반드시 사회의 개별 예술가나 개인에게 적용되지는 않을 것이다.

만약 자연에 관한 호기심, 수학적인 재능의 발휘, '신뢰성 있는 지식'에 대한 저돌성이 과학자의 특징이라면 문학과 예술, 인간애인 인간의 삶에 대한 찬양에 응하는 사람들에게 그것은 무엇인가? 경치, 일몰, 정원, 그리고 좀더 관념적으로는 우아함과 아름다움을 즐기도록 자극하는 것은 무엇인가? 나는 유용한 대답은 감성이라고 믿는다.

감성을 정의하는 일은 인간성 전체, 예술 전체, 그리고 멋진 생각거리가 될 사적인 관계 전체에 충만한 것을 정의하는 것이다. 그것은 근본적으로 동료 인간들의 행동, 다른 사람에 대한 감정 이입, 관습과 예술과 자연에 있어서의 형태에 대한 세련된 감정 및 인식에 대한 교양 있는 정서적인 반응이다. 그것은 냉정한 아폴론 같거나 불같은 디오니소스 같을 수는 없지만 그 두 극단 사이에 자신만만하게 위치한다. 그것은 유머 감각이 있고, 인간 행동을 뒤틀리게 수용하는 풍조에 속한다. 당신의 19세기 영국 신사는 주저없이 오만을 다시에게 편견을 엘리자베스에게 할당할 것인 반면, 당신의 20세기 미국인은 그런 할당을 당연히 유보할 것임을 관찰하는 일은 상당히 즐거움을 줄 것이다. 예술에 대해 아무리 열정적일지라도 다음과 같은 혹평을 일단 이해할 수 있을 것이다. 시는 미처 책 가장자리까지 꽉 채우지도 못하는 시시한 소리이다. 회화는 비바람으로부터 판판한 표면을 보호하는 방법이다. 음악은 바코드를 잘못 읽은 결과이다.

세상사란 그런 것이다. 그 이상 감성을 정의하려 드는 것은 감성이 부족한 것일 터이니 그만두련다. 감성이 무엇이냐고 묻는 것은 재즈가 뭐냐고 묻는 것과 조금 비슷하다. 그 질문을 한 어떤 여자에게 한 유명한 대답은 "만약에 당신이 질문을 하지 않으면 안 되겠으면 결코 알 수 없으실 것입니다, 부인"이다.

그저 보통의 감성만을 갖고 있는 물리학자로서 나는 위험을 무릅쓰고 역학과 유추해 설명을 감행해 보지 않을 수가 없다. 감성은 내가 자연 주술이라 불렀던 것의 힘에 의해 영향을 받는 것이다. 지성이나 다른 어떤 정신적인 특성처럼 감성은 인구 통계학적이고 문화적인 많은 변형을 보여주지만, 근본에 있어서 그것은 사람으로 하여금 음악·예술·수사학 등에 적극적으로 반응하게 하는 것이다. 자연 주술의 힘에 반응을 보이는 것은 바로 의식하는 마음의 '임무'이다. 사실 이것은 광범위하게 받아들여지는 감성에 의해 자연 주술로 내가 의미하는 바를 정의한다. 프랜시스 베이컨은 마법을 다음과 같이 정의했다.

> 우리는 이제 그 오래되고 명예로운 의미에서 마법을 이해한다——페르시아인들간에는 그것이 보다 빼어난 지혜나 보편적인 자연의 관계에 관한 지식을 의미했다.[1]

"오래되고 명예로운 의미"의 마법에서 과학을 빼고 남은 것이 나의 자연 주술이다. 오감을 통해 마음에 작용하고 사람들을 정서적으로 '움직이는' 힘들이 자연계에 존재한다. 이것들은 중력만큼이나 실재하며, 확실히 은유 이상이다. 이것들은 이름을 필요로 하며, 그 이름이 자연 주술이다. 이들 힘은 아주 현실적으로 자연 속에 존재한다.

내가 의미하는 비과학적인 힘의 한 예가 《삼림 지대 사람들》속 토머스 하디의 글에 있다.

---

1) Francis Bacon, *The Advancement of Learning*(1605).

버려진 간선도로는 단순한 골짜기나 구릉지와 맞닿아 있지 않는 황야의 인상을 풍기며 숲 속의 빈터나 작은 못보다 더 눈에 띄는 무덤 같은 정적을 나타낸다. 존재하는 것과 존재할지도 모르는 것의 대조가 아마 이것을 설명할 것이다. 예를 들어서 경고가 붙어 있는 조림지에서 가장자리로부터 인접한 통로까지 걷고, 그 빈터에 잠시 멈추는 것은 순전히 부재하는 인간적 교우 관계를 한걸음에 버리고는 쓸쓸한 자들의 몽마를 취하는 것이었다.

하디는 어떤 환경에 있는 것이 마음에 끼치는 영향을 서술하고 있다. 그 영향을 실재한다. 누구든 하디가 서술하듯이 어느 정도 반응하는 자신을 상상할 수 있지만 거기에는 그보다 더한 것이 있다. 하디의 예술——말의 마법——은 실제 경험을 강렬하게 만들 것이다. 예술은 그 고유한 힘을 갖는다. 또 다른 예를 보라——《귀향》에서 하디가 창조한 뇌리를 떠나지 않는 장소의 기운을 보여주는 본보기인 에그돈 히스를.

11월의 어느 토요일 오후가 황혼의 시간을 향해 다가가고 있고, 에그돈 히스로 알려진 막힘없이 휑한 황무지로 이루어진 광대한 지역은 순간순간 어두운 낮으로 변해 갔다. 하늘을 가로막으며 머리 위에 공허하게 펼쳐진 희끄무레한 구름은 바닥이 온통 히스로 깔린 텐트였다…….
　　그 세계와 창공의 희미한 가장자리는 물질을 가르듯이 시간을 가르는 것으로 보였다. 단지 그 안색만으로도 히스의 얼굴은 저녁에 반시간을 덧붙였다. 그것은 같은 식으로 새벽을 지연시키고, 한낮을 충충하게 만들고, 거의 발생하지 않는 폭풍의 찌푸린 얼굴을 예고하고, 불안과 동요를 일으키는 달도 없는 한밤의 불투명함의 강도를 더할 수 있었다.

사실 밤 같은 시간이 어둠으로 굽이쳐 드는 이 과도적인 시점에 에그돈 황무지의 위대하고도 특별한 영광이 시작되었으며, 그런 시간에 거기에 있어 본 적이 없는 그 누구도 히스를 이해한다고 말할 수 없었다.

히스를 이해한다는 생각——대개 장소의 기운을 이해하는 것——은 과학에서는 이해되지 않지만 대단히 많은 심미적 의미를 갖는다. 서로 다른 현실이 여기에서 서술되고 있다. 서로 다른 힘이 작용하고 있다.

힘의 개념은 움직임——가장 단순한 시나리오에서는 당구공들——을 관찰하는 데에서 나왔다. 그러나 일반 언어는 사람들이 정서적인 의미에서 움직이고 있음을 말하고, 비과학적인 힘들이 존재하는 것은 바로 이 의미에서이다. 그 힘들은 인간이 의식적이고 자기 인식적이며 합리적으로 그들의 환경을 깨닫고 있기 때문에 존재한다. 이들 인간은 아직도 쿼크와 전자·광양자——그것들에 관한 한 초자연적인 것이란 없다——로 이루어져 있으나, 당구공의 힘과는 다른 힘이 그들 의식의 영향을 나타낸다——그 움직임은 요컨대 자연적인 존재의 더 높은 질서를 이룬다. 과학은 그 본래의 또 가장 심오한 의미에서 의식의 이런 현상을 오늘날 우리가 알고 있듯이 과학의 방법 및 사고 방식을 사용해서는 해명할 수 없다. 이 맥락에서 과학적인 방법으로 할 수 있는 것이라고는 대중의 반응을 관찰하고 측정하는 것이지만, 이것은 오직 통계적인 성격과 모집단에 대한 지식만을 제공한다.

이런 종류의 확률에 근거한 지식은 만약에 그것이 과실파리에 관한 것이라면 몰라도 사람들에 관한 것이라면 위험할 수가 있다. 한 가지 위험은 통계적인 지식에 관한 흔히 있는 오해에 있다. 숫자, 곧 측정량이 부여될 수 있는 모집단의 각 구성원에 속하는 특성은 확인되며, 그

뒤에 이어지는 통계는 가장 간단하게 특성의 평균치가 무엇인지, 또 평균치로부터 무엇이 벗어났는지를 말해 준다. 이 중립적인 측정에 가치를 부여하는 것——평균은 정상이고, 편차는 정상이 아니다——은 일반적인 경향으로, 그 결과가 화려하게 펼쳐지면 기뻐하는 대신 사람들이 너무나 다르다는 불안한 걱정이 있다——만약에 우리가 모두 같다면 삶은 더 균형잡히고 안전할 것이다. 또 다른 위험은 과학만능주의, 곧 중요한 것은 측정될 수 있는 것뿐이라는 견해이다. 그런 견해는 통계적 도덕성, 통계미학, 전반적인 통계적 가치에 대한 생각을 낳는데, 그것이 예를 들어서 공영 방송에서 회계사들에게 계속해서 비용을 지출하는 일은 정당화할지 모르지만 다른 점에서 보면 부조리할 것이다.

통계를 매개로 한 인간의 탈선은 아주 나쁘지만 좀더 최신의 것이자 어느 정도 더 효능이 있는 의기를 꺾는 다른 두 힘이 있다. 앨런 튜링이 사람의 반응과 구분할 수 없는 반응을 하는 인간 같은 컴퓨터에 대한 시험물을 고안한 이후 우리는 컴퓨터가 되어 버렸다. 우리에게 스위치를 넣을 수 있으며, 우리는 프로그램될 수 있고, 데이터를 처리할 수 있고, 계산을 할 수 있고, 갑자기 기능을 멈출 수 있다. 우리는 기본적으로 내장형 소프트웨어와 수천 년 넘게 진화해 온 하드 배선으로 된 컴퓨터이다. 미래에 우리는 플로피 디스크에 자료가 전송되어 최후의 심판일까지 저장될지도 모른다. 모든 컴퓨터 전문 용어들이 우리에게 적용되고 반복 사용되어 우리는 스스로를 컴퓨터로 이해하게 된다. 그러나 최소한 컴퓨터들은 활동적이고 유용하며, 심지어는 강하다. 그러나 현대의 생물학은 우리를 적대적인 유전자들의 무력한 노리개로 떨어뜨린다. 우리가 누구인지, 우리의 친지 관계는 어떻게 되는지, 그리고 심지어 우리가 어떤 문화 활동을 하는지는 우리의 유전자가 무엇을 원하고, 그것들이 덧없는 우리 개인들보다 어떻게 오래 살아남을 작정인지에 의해 결정된다. 그것들은 자신들의 유전적 복제물이 더 오래 지속되는 젊은 육체 속에 살아남을 기회를 갖도록 남녀가 성행위를 할 만큼 서로에게 끌리도록 만든다. 당신은 당신 유전자의 명령에 의해 사랑에 빠진다. 그리고 심지어는 당신이 무엇과 사랑에 빠졌는지조차 대부분 당신 유전자에 의해 결정된다. 예를 들어서 심지어는 동성애 유전자도 있을지 모른다. 그러나 지적인 삶은 어떤가? 당신은 생각하고, 그러므로 존재하는가? 역시 유전자이다. 우리는 금욕주의자의 유전자, 쾌락주의자의 유전자가 있나 생각하기 시작한다. 또는 한 바퀴 돌아 제자리에 와서 유전학자의 유전자가 있나? 그 게임은 터무니없이 엉뚱해진 듯이 보인다. 그러나 유전자들은 우리의 눈, 우리의 성별, 부모 그리고 조부모와 우리의 닮은 점, 또 좀더 불길하게는 우리가 특별한 기능 장애로 기우는 점을 통제한다. 우리는 좋든 싫든 컴퓨터 같고 침팬지 같은, 본능과 본능적인 행위로 가득한 유전학적인 기계이다. 그리고 인공지능과 진화생물학의 모든 언어가 정확히 적용된다——전혀 문제가 없다.

그래서 그게 어쨌다는 건가? 우리의 몸은 쿼크로 되어 있다고 주장하는 일이 어떤 인간적인 맥락에서건 크게 부적절하듯이 우리 뇌는 컴퓨터라는 과장된 주장과 우리의 행동은 정말로 우리의 유전자에 의해 결정된다는 주장도 그렇다. 우선 만약 뇌가 어떤 의미에서 컴퓨터라면 그것은 실리콘에 기초한 그 어떤 것보다 크게 앞서서 그런 비교는 줄잡아 말하더라도 너무 시기상조이다. 그리고 유전자에 의해 결정되는 우리 행동에 관해서는 병리학 밖의 어디에 증거가 있는가? 유전자들은 종종 다른 유전자들과 상호 작용을 해서 하나의 유전자의 효과는 흔히 분명치 않다. 게다가 신체 화학의 매우 복잡한 상호 작용이 유전자 집단의 영향조차 분명치 않게 만들어 하나의 유전자쯤은 신경도 안 쓴다. 그러므로 과학 자체의 이론적 근거 안에서 두뇌-컴퓨터에 대한 주장과 유전자 윤리로 요약될 수 있는 주장은 간단히 증명되지 않는다.

그러나 이들 주장이 증명되었다고 하자. 우리가 아주 단호히 그렇다, 우리의 뇌는 진정한 의미에서 컴퓨터이다. 또 그렇다, 우리의 행동, 우리의 도덕, 우리의 종교, 우리의 미학은 모두 우리의 염색체의 디옥시리보핵산(DNA)에 대한 뉴클리오티드[2]의 특정한 배열에 의해서 결정되었다고 확신한다고 하자. 모두 그렇다고 하자. 그렇다면 무엇이 플라톤의 유령을 예찬했지? 또는 좀더 길게 말하면 그것이 행복·기쁨·사랑·경외감·존경심·결단·연민·선·악에──인간성의 쿼크에──어떻게 영향을 줄 것인가? 나는 그 대답은 전혀 없다고 제안한다. 사람들은 우리에게 우리는 이런저런 종류의 기계일 뿐이라고 2백 년 동안이나 이야기하고 있다. 물론 그렇다. 우리는 유인원이다. 물론 그렇다. 정확히 말하면 우리는 침팬지이다. 그렇게 말한다면 그럴 것이다. 그것이 조금이라도 중요한 무언가와 어떤 관계가 있는가? 우리는 우리 자신이 독특한 운명과 독특한 사고 방식을 지닌 독특한 개인이라고 생각한다. 우리는 있는 그대로의 우리이다. 그러나 우리 자신에 대한 그런 개념은 나쁜 말을 듣기 십상이다. 만약 사람들이 우리에게 우리는 단지 기계일 뿐이라고 계속해서 이야기한다면 우리는 기계처럼 행동하기 시작하고 감성은 소멸된다. 그러나 독특한 우리의 감각은 남아 있을 것이고 그 모든 정신적인 쿼크들에게 정보를 제공할 필요는 감소되지 않은 채 존속할 것은 확실하다.

---

2) 핵산의 기본 단위.〔역주〕

　사실 독특하고 개성적인 인간은 과학이 질색하는 것이다. 그러나 독특하고 아주 개성적인 인간은 존재하고 그들의 복잡한 행동은 수량화하는 일을 넘어설지라도 확실히 이성을 벗어나지는 않는다. 도덕과 윤리는 합리적으로 논의되고 이해되며 고대 인간 사회에서의 그 기원은 설명될 수 있다.[3] 예를 들어서 과학에 절대로 필요한 형상에 대한 우리의 인식, 칸트가 선험적으로 주어졌다고 주장하는 시간과 공간에 대한 우리의 직관은 냉담한 세계에서의 생존에 도움이 되는 요인으로 이치에 닿게 받아들여질 수 있을 것이다. 예술과 심미적인 감성은 인간 동물이 형상과 물질을 가지고 놀이를 하는 데서 자연스럽게 발생한다. 개인들, 개인과 집단, 집단들간의 상호 작용, 이것들은 한 사람의 의식 생활을 좌우하며, 도덕적이고 심미적인 진리에 대한 강한 흥미를 자극할 수밖에 없다. 우리는 우리 자신을 더 잘 이해하기를 바라지만 이유가 충분치 않음을, 언어가 충분치 않음을, 심지어는 면식에 의한 지식이 충분치 않음을 깨닫는다. 우리는 예술을 필요로 한다. 우리는 이런 진리를 드러내는 예술가의 천부적인 통찰력을 필요로 한다. 과학자의 천부적인 통찰력은 전혀 다른 방향을 가리킨다.

　인류는 두 종류의 통찰력을 모두 필요로 하는 것이 분명해 보이지만, 이것은 한편의 더욱 열광적이거나 더욱 겁을 먹은 예술 옹호자들과 다른 한편의 과학이 수세기도 넘게 익명의 비난을 퍼붓는 전쟁을 계속하는 것을 저지시키지 않았다. 과학의 순수한 합리성에 관심을 가진 키츠는 시의 소멸을 예견했다. 매슈 아널드는 산업 혁명의 만행에 대한 해독제로서 "세상에서 생각되고 집필된 바 있는 최고의 것"을 읽는 일에서 끌어낼 수 있는 "도덕적 아름다움과 밝은 진리의 지성"을 옹호

---

3) Friedrich Nietzsche, *The Genealogy of Morals*(1887).

했다. F. R. 리비스는 1960년대의 두 개의 문화 논쟁에서 문학적 체계는 열역학 제2법칙에 정통함으로써 이익을 얻을 수 있을 것이라는 C. P. 스노의 제안에 무절제하게 비난을 퍼부었다. 좀더 최근에는 과학사회학자들과 포스트모더니스트들, 문화 연구의 전문가들이 자연에 대한 과학의 설명은 단지 그것을 낳은 문화의 지배적인 이데올로기와 힘의 관계를 반영할 뿐이고, 따라서 과학은 객관성이 없음을 시사함으로써 과학을 비난하려고 애쓴다.

과학은 얼마간 사서 고생을 해왔다. 과학은 언제까지나 진보할 것이며, 자연히 인간 지식의 전 영역으로 확대될 것이라는 생각은 오래전에 철저히 정체가 폭로되었다. 그럼에도 불구하고 그 생각은 남아 있다. 과학이 가치에 관해 식견 있는 이야기를 할 수 있으리라는 것──소위 자연주의적 오류──을 오늘날에는 너무나 쉽게 믿는다. 소립자 물리학자들은 만물 이론──과학이 인간 정신에 적대적으로 보이게 만들고, 과학자들은 오만한 마법사처럼 보이게 만드는 사고 방식을 드러내는 명명법이자 단어 선택──을 추구한다. 《불멸의 물리학》이라는 최근의 저서는 언제라도 다시 태어나도록(내려받도록) 컴퓨터 프로그램으로 개별 인간을 암호화하는 것이 미래에는 가능할 것임을 덤덤히 예상하고 있다.[4] 개별 인간을 컴퓨터 프로그램과 동일시할 가능성은 몇몇 인공지능 공동체의 기본 신조인 듯이 보이며, 과학자들은 어딘지 인간성이 부족하다는 견해를 뒷받침한다.

예술도 과학도 모두 필요하다. 그것들이 상호 보완적이기보다는 서로 적대적이라고 가정하는 것은 오해이다. 과학과 시가 아주 다름은 의심할 여지가 없다. 과학은 내용에 관해서는 애매모호하지 않고 광범

---

4) Frank Tipler, *The Physics of Immortality*(London: Macmillan, 1995).

위하게 의역될 수 있으며, 아주 다른 속도와 어감을 갖는 언어로까지 무한히 번역될 수 있는 문장을 쓰려고 애쓴다. 초기에 영국학술원은 아주 당연하게 은유와 수사학 전반에 대해 노골적으로 단호히 반대했다. 반대로 시는 독자들에게서 독특한 반응을 불러일으키는 형식과 문체·단어 선택으로 드러난다. 시인과 시, 독자는 의미의 온갖 섬세하고 미묘한 차이를 묘사하기 위해서는 온 세상의 어휘가 부족하기 때문에 다른 방법으로는 생각과 분위기·감정을 세상에 알릴 수 없는 일종의 공명하는 통일체를 형성한다. 시는 의역이 될 수 있을지도 모르나 그 본질은 그로 인해서 상실된다. 그것은 어떤 예술 작품에 대해서건 해당된다.

우주를 이해하는 일은 아주 대강의 의미에서 시(예술 전반)와 과학의 상호 보완적인 접근을 필요로 하는 것으로 보인다. 양자 이론에서와 같이 상호 보완의 법칙이 지배적이다. 양자 이론에서 소립자와 위치·운동량을 설명하는 물리적인 양은 고전물리학에서처럼 상호 독립적이지가 않다. 고전물리학에서는 두 양 모두 임의적으로 정확하게 측정될 수 있지만, 양자의 세계에서는 하나를 정밀하게 측정하는 것이 다른 것의 정밀한 측정을 방해한다——하나에 초점을 맞추는 것이 다른 것을 희미하게 한다. 유사하게 고전적인 견해는 시와 과학을 서로 독립적이면서 각각 보편적으로 적용할 수 있는 것으로 볼 것이다. 그런 시각에서 기계론적인 상호 작용에 대한 시적인 묘사는 의미가 있을 것이며, 모든 것이 무의미한 자연주의적 오류는 사실상 오류가 아닐 것이다. 양자 이론에서 빌려온 시각은 이에 반해 시와 과학을 상호 보완적으로 본다. 하나가 적용 가능한 상황이면 다른 하나는 미리 배제한다. 어떤 맥락에서든 더 시적인 것은 덜 과학적이고 더 과학적인 것은 덜 시적이다. 하지만 우리가 존재하는 모든 것을 이해하려면 둘 다 필요하다.

　예술과 과학은 한때 동일한 마법-종교 전통의 일부분이었다. 점성술과 연금술의 도취시키는 비법으로부터 과학이 구체화된 것이 과학이 무엇인지 만큼이나 마술이 무엇인지를 정의하는 데 도움을 주었다. 물리적 세계를 통제하는 것을 취지로 하는 마법은 과학으로 이어졌다. 악마와 영들을 통제하는 것을 취지로 한 것은 종교 안에서 부적당한 곳이 제거되거나 소심하게 지하로 잠입했다. 마법은 단어와 음악, 그림과 상징, 개성의 힘 속에 구현된 채 남아 오늘날까지 예술에 활기를 불어넣고 있다. 옛 전통의 창조적이고 상상력 넘치는 힘은 변함없이 강하지만, 이제 예술과 과학 속에 좀더 시종일관하게 나타난다. 그것은 이해에 이르고자 하는 우리의 열망이 계속 유지되게 하며, 우리는 예술과 과학이 상호 보완적으로 기여하는 바를 올바르게 인식하고 그 둘이 능력껏 무엇을 이야기해야 하는지에 열의를 가지고 관여해야 한다.

부로이 Broglie, Louis de   174
부르노 Bruno, Giordano   26,48,78,90
브라운 Braun, Wernher von   26
브라헤 Brahe, Tycho   11,121,122
비트겐슈타인 Wittgenstein, Ludwig
    Josef Johan   66,196,197
설 Searle, John   188
세잔 Cézanne, Paul   225
셰익스피어 Shakespeare, William   11,25,
    111
쇤베르크 Schönberg, Arnold   223
슈뢰딩거 Schrödinger, Erwin   32,38,39,
    71,72,161,162,168,169,171,173
슈만 Schumann, Robert Alexander   46
스노 Snow, Charles Percy   11,12,240
스피노자 Spinoza, Baruch de   23,60,83,
    159
시벨리우스 Sibelius, Jean   201
아낙사고라스 Anaxagoras   82
아낙시만드로스 Anaximandros   81
아낙시메네스 Anaximenes   82
아놀드 Arnold, Matthew   11,239
아르키메데스 Archimedes   125
아리스타르코스 Aristarchos   54
아리스토텔레스 Aristoteles   81,86,87,98,
    108,116,122,125
아시모프 Asimov, Isaac   198
아인슈타인 Einstein, Albert   26,38,47,62,
    75,85,95,96,133,135,159,160,162,163,173
앤더슨 Anderson, Phil   190,191
에딩턴 Eddington, Arthur Stanley   147,
    148,149,150
에피쿠로스 Epicouros   81
엠페도클레스 Empedocles   85
옴네스 Omnès, Roland   175
워즈워스 Wordsworth, William   229
위그너 Wigner, Eugene Paul   168
윌슨 Wilson, Edward O.   14,31,33,34,36,
    37
유클리드 Euclid   29,82,125,126,132,133,

135,138,224
자우엣 Jowett, Benjamin   17
차머스 Chalmers, David   200
카르나프 Carnap, Rudolf   27,54
카르파초 Carpaccio, Vittore   222
칸트 Kant, Immanuel   25,29,30,36,40,49,
    55,58,61,84,132,139,189,211,239
컨스터블 Constable, John   222
케플러 Kepler, Johannes   11,26,48,54,86,
    87,109,111,120,121,122,123,125,127
코로 Corot, Jean Baptiste Camille   222
코페르니쿠스 Copernicus, Nicolaus   11,
    48,86,121,122
콜링우드 Collingwood, R. G.   37,38,220,
    225
클라인 Kline, Morris   140,141
키플링 Kipling, Rudyard   219
톨킨 Tolkein, John Ronald Reuel   106
튜링 Turing, Alan Mathison   43,187,236
티플러 Tipler, Frank   153
파스칼 Pascal, Blaise   129,130,132,138
파인먼 Feynman, Richard Philips   59
패러데이 Faraday, Michael   26,131
퍼트넘 Putnam, Hilary   191
페르미 Fermi, Enrico   59,95,96,97,98,159,
    160
펜로즈 Penrose, Roger   171,172,186,187,
    189,190,191,192,193,194
포퍼 Popper, Karl R.   54,141
프로타고라스 Protagoras   56,81
프리고지네 Prigogine, Ilya   84
프리스틀리 Priestley, Joseph   26
프톨레마이오스 Ptolemaeos, Claudios
    54,86,173
플라톤 Platon   37,55,59,61,63,71,81,82,85,
    87,98,103,109,121,125,139,192,208,211,238
플랑크 Planck, Max Karl Ernst Ludwig
    136,147,156,159,161,162,194
플러드 Fludd, Robert   90,105,108,109
피조 Fizeau, Armand Hippolyte Louis

이영주(李永柱)
이화여자대학교 영문과 및 동대학원 졸업
역서: 《서양 철학사》《포켓의 형태》
《인터넷 철학》《영화에 대하여》
《못말리는 제임스》《레드와 로버》 등

문예신서
263

과학에 대하여

초판발행 : 2005년 10월 20일

東文選

제10-64호, 78. 12. 16 등록
110-300 서울 종로구 관훈동 74번지
전화 : 737-2795

편집설계 : 李姃롯

ISBN 89-8038-482-3 94400
ISBN 89-8038-000-3 (문예신서)

東文選 現代新書 1

21세기를 위한
새로운 엘리트

FORSEEN 연구소 (프)

김경현 옮김

우리 사회의 미래를 누르고 있는 경제적·사회적 그리고 도덕적 불확실성과 격변하는 세계에서 새로운 지표들을 찾는 어려움은 엘리트들의 역할과 책임에 대한 재고를 요구한다.

엘리트의 쇄신은 불가피하다. 미래의 지도자들은 어떠한 모습을 갖게 될 것인가? 그들은 어떠한 조건하의 위기 속에서 흔들린 그들의 신뢰도를 다시금 회복할 수 있을 것인가? 기업의 경영을 위해 어떠한 변화를 기대해야 할 것인가? 미래의 결정자들을 위해서 어떠한 교육이 필요한가? 다가오는 시대의 의사결정자들에게 필요한 자질들은 어떠한 것들일까?

이 한 권의 연구보고서는 21세기를 이끌어 나갈 엘리트들에 대한 기대와 조건분석을 시도하고 있으며, 구체적으로 그들이 팀당할 역할과 반드시 갖추어야 될 미래에 대한 비젼을 제시하고 있다.

본서는 프랑스의 세계적인 커뮤니케이션 그룹인 아바스 그룹 산하의 포르셍 연구소에서 펴낸 《미래에 대한 예측총서》 중의 하나이다. 63개국에 걸친 연구원들의 활동을 바탕으로 세계적인 차원에서 우리 사회를 변화시키게 될 여러 가지 추세들을 깊숙이 파악하고 있다.

사회학적 추세를 연구하는 포르셍 연구소의 이번 연구는 단순히 미래를 예측하는 데에 그치는 것이 아니라, 미래를 준비하는 자들로 하여금 보충적인 성찰의 요소들을 비롯해서, 그들을 에워싸고 있는 세계에 대한 보다 넓은 이해를 지닌 상태에서 행동하고 앞날을 맞이하게끔 하기 위해서 이 관찰을 활용하자는 것이다.

東文選 現代新書 81

영원한 황홀

파스칼 브뤼크네르

김웅권 옮김

"당신은 행복해지기 위해 사는가?"

당신은 왜 사는가? 전통적으로 많이 들어온 유명한 답변 중 하나는 "행복해지기 위해서 산다"이다. 이때 '행복'은 우리에게 목표가 되고, 스트레스가 되며, 역설적으로 불행의 원천이 된다. 브뤼크네르는 그러한 '행복의 강박증'으로부터 당신을 치유하기 위해 이 책을 썼다. 프랑스의 전 언론이 기립박수에 가까운 찬사를 보낸 이 책은 사실상 석 달 가까이 베스트셀러 1위를 지켜내면서 프랑스를 '들었다 놓은' 철학 에세이이다.

"어떻게 지내십니까? 잘 지내시죠?"라고 묻는 인사말에도 상대에게 행복을 강제하는 이데올로기가 숨쉬고 있다. 당신은 행복을 숭배하고 있다. 그것은 서구 사회를 침윤하고 있는 집단적 마취제다. 당신은 인정해야 한다. 불행도 분명 삶의 뿌리다. 그 뿌리는 결코 뽑히지 않는다. 이것을 받아들일 때 당신은 '행복의 의무'로부터 해방될 것이고, 행복하지 않아도 부끄럽지 않게 될 것이다.

대신 저자는 자유롭고 개인적인 안락을 제안한다. '행복은 어림치고 접근해서 조용히 잡아야 하는 것'이다. 현대인들의 '저속한 허식'인 행복의 웅덩이로부터 당신 자신을 건져내라. 그때 '빛나지도 계속되지도 않는 것이 지닌 부드러움과 덧없음'이 당신을 따뜻이 안아 줄 것이다. 그곳에 영원한 만족감이 있다.

중세에서 현대까지 동서의 명현석학과 문호들을 풍부하게 인용하는 저자의 깊은 지식샘, 그리고 혀끝에 맛을 느끼게 해줄 듯 명징하게 떠오르는 탁월한 비유 문장들은 이 책을 오래오래 되읽고 싶은 욕심을 갖게 한다. 독자들께 권해 드린다. — 조선일보, 2001. 11. 3.

東文選 現代新書 98

미국식 사회 모델

쥐스탱 바이스

김종명 옮김

미국 (똑)바로 알기! 미국은 이제 단지 전세계의 모델이 아니다. 미국은 이미 세계 그 자체이다. 현재와 같은 군사적 · 문화적 · 경제적 반식민 상태에서 우리가 미국을 제대로 바라볼 수 있을까? 우리는 미국을 얼마나 알고 있으며, 또 한국과 미국의 비교는 가능한가? 한편으로는 대북 문제에서부터 금메달 및 개고기 문제에 이르기까지, 다른 한편으로는 병역기피성 미국시민권 취득에서부터 미국 가서 아이낳기 붐에 이르기까지, 사사건건 구겨진 자존심에 감정적으로 대응해서야 어찌 미국을 제대로 알 수 있겠는가.

본서는 구소련의 붕괴 이후 자유주의 모델의 국가들 중에서 다른 어떤 나라들보다도 더 보편성을 추구하였고, 그래서 전인류에게 모범이 될 만한 사회 · 정치를 포괄하는 하나의 체계, 즉 완비된 모델을 제시하려고 노력하는 미국과 프랑스를 비교 · 분석하고 있다.

유럽의 계몽주의에 뿌리를 둔 미국과 프랑스의 보편주의는 미국과 구소련 사이의 대립 앞에서 오랫동안 인식되지 못했으나, 냉전이 끝난 오늘날에는 이 둘의 차이가 새삼스레 부각되고 있다. 한때 그 역사적 몰락이 예고되었다고 믿었던 미국의 힘이 1980년대말 이래로 전세계에 그 광휘를 드러내고 있으며, 이전의 그 어느때보다도 더욱 전세계에 그들의 행동 양식과 경제에 대한 가르침을 주려는 기세이다. 이와 달리 연합된 유럽을 대표하는 프랑스식 모델은 거의 배타적으로 영향력을 행사하는 미국식 모델 때문에 점점 외부로의 영향력을 상실하고 있고, 내적으로도 그 정체성을 잃어가고 있다.

바로 이런 시점에서 본서는 유럽의 견유주의를 대표하는 프랑스식 모델과 윌슨주의를 표방하는 미국식 모델이 정치적 · 경제적 · 사회적 측면에서 어떻게 다른지를 비교 · 분석해 주고 있다.

東文選 現代新書 126

세 가지 생태학

펠릭스 가타리

윤수종 옮김

인간의 혹성(지구)이 말려 들어왔던 생태적 드라마는 오랫동안 체계적으로 무시되었다. 이러한 시기는 이제 지나갔다. 생태적 '사건들'의 반복에 과잉 반응을 보이는 매체들을 통해서 국제적인 견해가 점점 더 동원되고 있다. 모든 사람이 오늘날 생태학을 이야기한다. 정치가들, 기술관료들, 산업가들……. 안타깝게도 항상 단순한 '공해'의 측면에서.

혹은 생태적인 환경 교란은 이 혹성 위의 사회에서 살아가고 존재하는 방식과 관련하여 가장 심각하고 가장 고려해야 할 나쁜 것 가운데 가시적인 부분일 뿐이다. 환경생태학은 윤리-정치적인 성격을 지닌 생태철학을 통해서 사회생태학 및 정신생태학을 함께 생각해야 할 것이다. 기능적으로 이질적인 영역들을 대체하는 하나의 이데올로기하에 자의적으로 통일하는 것이 아니라, 새로운 과학 기술적 맥락과 새로운 지정학적 좌표 안에 개인적이고 집합적인 주체성을 혁신적으로 재조성하는 실천들을 서로 지지하게 만드는 것이 중요하다.

東文選 現代新書 129

번영의 비참
— 종교화한 시장 경제와 그 적들

파스칼 브뤼크네르 / 이창실 옮김

'2002 프랑스 BOOK OF ECONOMY賞' 수상
'2002 유러피언 BOOK OF ECONOMY賞' 특별수훈

번영의 한가운데서 더 큰 비참이 확산되고 있다면 세계화의 혜택은 무엇이란 말인가?

모든 종교와 이데올로기가 붕괴되는 와중에 그래도 버티는 게 있다면 그건 경제다. 경제는 이제 무미건조한 과학이나 이성의 냉철한 활동이기를 그치고, 발전된 세계의 마지막 영성이 되었다. 이 준엄한 종교성은 이렇다 할 고양된 감정은 없어도 제의(祭儀)에 가까운 열정을 과시한다.

이 신화로부터 새로운 반체제 운동들이 사람들의 마음을 사로잡는다. 시장의 불공평을 비난하는 이 운동들은 지상의 모든 혼란의 원인이 시장에 있다고 본다. 그러나 실상은 그렇게 하면서 시장을 계속 역사의 원동력으로 삼게 된다. 신자유주의자들이나 이들을 비방하는 자들 모두가 같은 신앙으로 결속되어 있는 만큼 그들은 한통속이라 할 수 있다.

그렇다면 우리가 벗어나야 하는 것은 자본주의가 아니라 경제만능주의이다. 사회 전체를 지배하려 드는 경제의 원칙, 우리를 근면한 햄스터로 실추시켜 단순히 생산자·소비자 혹은 주주라는 역할에 가두어두는 이 원칙을 너나없이 떠받드는 상황에서 벗어나야 한다. 일체의 시장 경제 행위를 원위치에 되돌려 놓고 시상 경세가 아닌 사리를 되찾아야 한다. 이것은 우리 삶의 의미와도 직결되는 문제이기 때문이다.

파스칼 브뤼크네르: 1948년생으로 오늘날 프랑스에서 가장 영향력 있는 에세이스트이자 소설가이기도 하다. 그는 매 2년마다 소설과 에세이를 번갈아 가며 발표하고 있다. 주요 저서로는 《순진함의 유혹》(1995 메디치상), 《아름다움을 훔친 자들》(1997 르노도상), 《영원한 황홀》 등이 있으며, 1999년에는 프랑스에서 가장 많이 팔린 작가로 뽑히기도 하였다.

東文選 現代新書 153

세계의 폭력

장 보드리야르 / 에드가 모랭

배영달 옮김

충격으로 표명된 최초의 논평 이후 2001년 9월 11일의 뉴욕 테러 사건을 어떻게 해석해야 할까? 미국 영토에서 발생한 테러리즘에 대한 이 눈길을 끄는 표현은 무엇을 의미하는 것일까?

아랍세계연구소에서 개최된 이 두 강연을 통해서, 장 보드리야르와 에드가 모랭은 이 사건을 '세계화'의 현재의 풍경 속에 다시 놓고 생각한다.

보드리야르의 관점에서 보면 쌍둥이 빌딩이라는 거만한 건축물은 쌍둥이 빌딩의 파괴와 무관하지 않으며, 금융의 힘과 승승장구하던 자유주의에 바쳐진 세계의 상징적 붕괴와 무관하지 않다. "극단적으로 말해서 테러리스들이 이 일을 저질렀지만, 그것은 우리가 원하는 바였다."고 그는 역설한다.

자신이 심사숙고한 중요한 주제들이 발견되는 한 텍스트를 통해, 에드가 모랭은 테러 행위를 가능하게 만들었던 역사적 조건들을 상기시키고, 나아가 다른 미래를 창조하기 위해 세계적인 자각에 호소한다.

이 두 강연은 현대 테러리즘의 의미와, 이 절대적 폭력이 탄생할 수 있는 세계의 상황을 이해하는 데 매우 중요한 것이 되고 있다.

東文選 文藝新書 295

에로티시즘을 즐기기 위한 100가지 기본 용어

장 클레 마르탱

김웅권 옮김

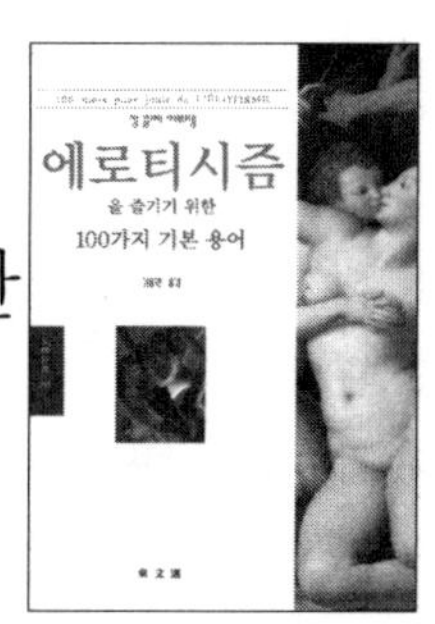

　즐기면서 음미해야 할 본서는 각각의 용어가 에로티시즘을 설명하는 대신에 그것을 존재하게 하며, 느끼게 만들고, 떨리게 하는 그런 사랑의 여로를 구현시킨다. 에로티시즘을 이해하는 게 중요한 게 아니라 그것을 즐기고, 도취·유혹·매력·우아함 같은 것들로 구성된 에로티시즘의 미로 속에 들어가는 게 중요하다. 각각의 용어는 그 자체가 영혼의 전율이고, 바스락거림이며, 애무이고, 실천이나 쾌락의 실습이다. 극단적으로 살균된 비아그라보다는 아프로디테를 찬양해야 한다.

　이 책은 들뢰즈 철학을 연구한 저자가 100개의 용어를 뽑아 문화적으로 전환된 유동적 리비도, 곧 에로티시즘과 접속시켜 고품격의 단상들을 생산해 내고 있다.

　에로티시즘이 가가의 용어와 결합할 때 마법적 연금술이 작동하고, 이로부터 솟아오르는 스냅 사진 같은 정신의 편린들이 격조 높은 유희를 담아내면서 독자에게 다가온다. 한 철학자의 방대한 지적 스펙트럼 속에서 에로스와 사물들이 부딪쳐 일어나는 스파크들이 놀라운 관능적 쾌락을 뿌려내는 이 한 권의 책을 수준 높은 고급 독자에게 권한다. '텍스트의 즐거움'을 함께 나누고자 한다.

　장 클레 마르탱은 프랑스의 철학자로서 활발한 저술 활동을 펴고 있으며, 저서로는 《변화들. 질 들뢰즈의 철학》(들뢰즈 서문 수록)과 《반 고흐. 사물들의 눈》 등이 있다.

東文選 文藝新書 277

자유와 결정론

오스카 브르니피에 [외]

최은영 옮김

지금의 내 모습을 결정한 사람은 과연 누구일까. 나 자신일까, 아니면 다른 사람일까.

나는 성장하면서 교육을 받았고, 문화를 경험하고 있다.

그렇다면 교육을 내가 선택했을까.

엄밀히 말하자면 나는 교육을 선택함에 자유롭지 못했다.

나는 부모와 교사의 도움으로 교육을 받아 왔다. 문화의 현장에서 ……

나는 부모를 선택했는가, 아니다. 나는 부모의 자녀로 선택받았다.

지금의 내가 있기까지의 역사를 되돌아보면, 나는 지금의 내 모습을 전적으로 선택한 것 같지 않다.

주변에서 존재하라는 대로 존재하고 있다…….

그렇다면 지금의 내 모습을 결정지은 사람은 과연 나 자신일까……

이러한 내가 지금 과연 자유로운 사람일까……

자유란 자신이 원하는 것과 원하지 않는 것을 동시에 알고 있으면서 자신이 원하는 것을 선택하는 것이다.

아는 것이 없는 상태에서 선택을 할 수 있을까.

무지한 사람은 자신이 알고 있는 것만을 선택하거나 되는 대로 선택을 한다.

진정한 선택이라 할 수 있을까. 진정한 자유라 할 수 있을까……

철학적으로 사고한다는 것은 무엇보다도 질문할 줄 알고, 이성적 사유를 구축할 줄 알며, 혼자서 생각할 줄 안다는 것이다.

이 책은 대화의 진행을 바라보면서 스스로 생각하는 법과 철학하는 방법의 기초를 닦을 수 있도록 도와 주고 있다.

東文選 文藝新書 304

음악 녹음의 역사

마이클 채넌

박기호 옮김

　본서는 음반 산업의 역사를 다룬 최초의 개론서로서, 1877년 에디슨이 발명한 '말하는 석박(錫箔)'에서 **CD** 시대에 이르는 음반 산업의 역사에 관련된 전 영역을 다루고 있다.

　마이클 채넌은 본서에서 음반을 전통적 성격의 상품과는 완전히 성격을 달리하는 새로운 유형의 상품, 즉 무형의 연주로 존재하는 음악을 판매 가능한 대상으로 전환시킨 상품으로 고찰하고 있으며, 음악 문화에서 음반이 야기한 전도 현상에 대하여 서술하고 있다. 본서에서 그는 다음과 같은 의문을 제기하고 있다. 녹음 스튜디오에서는 어떤 일이 일어나고 있는가? 녹음은 음악에 어떤 영향을 끼치고 있는가? 재생 기술로 인하여 우리가 구시대 사람들과 다르게 음악을 듣고 있는가?

　본서는 기술과 경제 양 측면에서 음반 산업의 성장과 발전을 관련시키고 있다. 클래식 음악과 팝 음악 양 진영에서의 음악 해석에 끼친 마이크의 영향, 이들 요소가 음악의 스타일과 취향에 끼친 충격 등이 그것이다. 대단히 알기 쉽게 서술된 본서는 녹음 기술의 발전과 새로운 팝 음악 형식의 발생 사이의 관계에 대해서도 추적하고 있으며, 마이크 테크닉과 스튜디오의 실제 작업에 대한 클래식 음악가들 사이의 논쟁을 다루고 있다.

東文選 文藝新書 252

일반교양강좌

에릭 코바

송대영 옮김

　본 《일반 교양 강좌》는 오늘날 발생하고 있는 시사 문제에 접근하기 위한 **기본 입문서**인 동시에, 대부분의 시험에서 채택하는 '철학 및 교양' 구술시험을 위한 요약 정리 참고서로도 도움이 되도록 하였다. 따라서 시험에 임박해 있거나, 이 과목에 많은 시간을 투자할 수 없는 수험생들이 이용하기에 알맞을 것이다. 이 책의 내용은 사고(思考)의 방향을 제시하기보다는 사고 작용을 돕도록 구성된 것이며, 각 주제들──권위 · 교외 · 행복 · 형벌 · 계약 · 문화…… 노동 · 노령──를 4단계로 나누어 구성하였다.

　먼저 **정의하기** 항목에서는 기존의 개념에 대한 역사적이고 언어학적인 접근을 시도하였다.

　두번째 **내용 구성하기** 항목에서는 문제 제기에 대해 논술 요약 형식으로 간결하게 내용을 전개하고자 한다.

　세번째 **심화하기** 항목에서는 전적으로 주제에 대한 기존 시각에서 소개된 철학 서적에서 주제의 내용과 직접적으로 연관된 세부 내용을 인용하고자 한다.

　마지막으로 **시사화하기** 항목에서는 우리의 연구에 합당한 개념을 담고 있는 '놀랄 만한' 철학적 모티프를 현재 일어나고 있는 시사 문제 속에서 찾고자 할 것이다.